青鸟童书
只做对得起时间的书

孩子读得懂的人工智能

① 破壳而生

李霁月 著 小未 绘

北京理工大学出版社
BEIJING INSTITUTE OF TECHNOLOGY PRESS

图书在版编目（CIP）数据

孩子读得懂的人工智能：全3册/李霁月著；小未
绘. -- 北京：北京理工大学出版社，2023.8
　ISBN 978-7-5763-2298-9

　Ⅰ.①孩… Ⅱ.①李… ②小… Ⅲ.①人工智能—少
儿读物 Ⅳ.①TP18-49

　中国国家版本馆CIP数据核字（2023）第082164号

出版发行 / 北京理工大学出版社有限责任公司	
社　　址 / 北京市海淀区中关村南大街5号	
邮　　编 / 100081	
电　　话 / （010）68914775（总编室）	
（010）82562903（教材售后服务热线）	
（010）68944723（其他图书服务热线）	
网　　址 / http://www.bitpress.com.cn	
经　　销 / 全国各地新华书店	
印　　刷 / 三河市金元印装有限公司	
开　　本 / 787毫米×1092毫米　　1/16	
印　　张 / 15.5	责任编辑 / 徐艳君
字　　数 / 168千字	文案编辑 / 徐艳君
版　　次 / 2023年8月第1版　2023年8月第1次印刷	责任校对 / 刘亚男
定　　价 / 69.00元（全3册）	责任印制 / 施胜娟

前言

在我小的时候，非常喜欢看科幻小说，也很爱幻想。

人类只用了短短 20 年的时间，就将许多遥不可及的幻想变成了现实，而实现这一切的正是"人工智能（Artificial Intelligence, AI）"这门新的技术科学。

如果你家里有智能音箱，那么你喊一声"××××，明天 8 点叫我"，智能音箱在接到你的语音指令后，就会执行一系列已经设定好的指令代码，于是第二天一早，它便准时响起。这就是一个简易的人工智能应用案例。

或者你知道无人驾驶吗？现在人工智能已经可以实现车辆的自动驾驶了，只要你坐在车上，说一句"送我回家"，你的车就能够自动匹配路线并严格遵守交通规则，安全把你送到家里，其间不需要你进行任何手动操作。

哦对了，现在大火的 ChatGPT（聊天机器人程序）和 AI 绘画，都只是人工智能小小能力的展现。

看似无所不能的人工智能也不是一出生就拥有超能力的，而是历经了千难万苦的出生、磕磕绊绊的长大，最后经过几代科学家的努力才"猛然间"出现在你的面前，伴随着你一路长大。

通过这套书，我们将一起去发现人类的"新朋友"人工智能在成长中有趣的故事、经历的欢笑与泪水，了解"新朋友"人工智能的视觉、嗅觉、味觉、触觉和身体，看懂机器学习、神经网络、深度学习等听上去很高深但实际并不难理解的人工智能运行背后的原理和逻辑，探索人工智能在医疗、创作、下棋、自动驾驶、智能家居等领域神奇的应用和无穷的"超能力"，畅想人类与人工智能所共同创造、守护的更加美好的世界。

最后，开启人类与人工智能新时代的钥匙就交到各位小伙伴的手中了，未来，将由你们开启。世界，也终由你们去创造。

目录

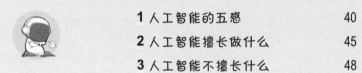
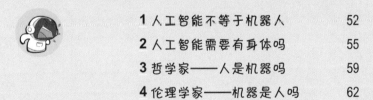

第一章

ChatGPT，人工智能终于不是"人工智障"啦

1
我 ChatGPT，火了

要说今年科技圈什么最火，

那必然是在人世间刮起一阵技术变革龙卷风的我——ChatGPT（聊天机器人程序）。

自打 2022 年 11 月 30 日发布以来，

我就受到万千人类的喜爱，短短 5 天，就有 100 万人来找我，

随后两个月更是突破了 1 亿人，大家就宠我，就宠我！

我能写诗、能作词、能翻译、能唠嗑，

还能帮助人类写作业、做表格、编代码、搞论文！

是妥妥的十项全能天选工具人！

画手脑中的 ChatGPT

研究人员可以找我协助他们撰写论文，

我"出品"的很多论文已经成功发表在了多本期刊上；

打工人可以找我来帮他们查资料、写代码、做表格、写文案……

多么希望工资也可以分我一半啊。

"让计算机可以像人类一样与人类对话"是一个横穿整个世纪的梦想。

早在 1966 年，麻省理工学院的约瑟夫·维森班教授

就开发了第一个聊天程序 Eliza（伊丽莎），

之后的几十年里，人类都在为创作出能够像人类一样思考的聊天机器人而努力。

2015 年 12 月，OpenAI 人工智能研究公司在美国旧金山成立，

2018 年 6 月，GPT-1 诞生，

这一年也被称为 NLP（自然语言处理）的预训练模型元年。

2019 年 2 月 GPT-2 诞生。

2020 年 5 月 GPT-3 出世。

2022 年 11 月，觉得自己家娃终于长大了，可以出来打工了，

OpenAI 放出了 GPT-3.5 版聊天机器人，

也就是我们所熟知的 ChatGPT。

2023 年 3 月，OpenAI"妈妈"为自家娃升级了新装备，

GPT-4 更具创造性和协作性了。

现在 ChatGPT 在全世界有了许多小伙伴，

在中国有百度发布的文心一言、阿里发布的通义千问、讯飞发布的讯飞星火等；

在国外，有 Google 发布的 Dialogflow、Facebook 发布的 Wit.ai、亚马逊发布的 Lex 等。

2
"ChatGPT！"
"Hi，我在！"

ChatGPT 其实根本没有想象的那么神秘。

ChatGPT 的全名叫作"Chat Generative Pre-trained Transformer"。

"Chat"就是聊天的意思，"GPT"对应的是"Generative Pre-trained Transformer"，

翻译成中文就是：生成式预训练变换模型。

嗨，我很接地气的。

嗯……解释了又好像没有解释……我们再来拆一下：

生成式：可以自发生成内容。

预训练：不用教，自带通用语言模型，可以直接上岗。

Transformer：一种用于语言理解的神经网络架构，

它就像是魔法师手中的"魔法棒"，

除了聊天，它还能写歌、作图、预测蛋白质结构……

可以说，ChatGPT 是人工智能技术的一种应用场景，

它是基于人工智能的机器学习技术训练出的一个神经网络模型。

ChatGPT 诞生于科学家们对人工智能近一个世纪的研究和探索中，

现如今，全人类都成了它的"训练师"，

全人类的"陪聊"让 ChatGPT 茁壮成长，

从而更好地帮助人类。

不过，现阶段来说 ChatGPT 还有很多不成熟的地方。

比如在帮助人类处理文件的时候，如何保证数据的安全？

在帮助人类写论文、创作小说、画图后，版权又该属于谁？

如果人工智能生产的文字中传达了一些不良的信息，

或者传达一些违反普世道德的价值倾向，又该如何约束呢？

多家学术期刊发表声明，

完全禁止或严格限制使用 ChatGPT 等人工智能机器人撰写学术论文；

意大利个人数据保护局宣布，禁止使用 ChatGPT，

并限制开发这一平台的 OpenAI 公司处理意大利用户信息。

普林斯顿的大学生 Edward Tian 选择用魔法打败魔法！

他研发了可以检测文章是否是由 ChatGPT 撰写的检测器——GPTZero。

或许你们有人试过了 ChatGPT 的神奇，

那它背后的技术——"人工智能"究竟是什么？

神经网络、机器学习这些听上去就十分"厉害"的名词是什么意思？

人工智能除了聊天机器人还有哪些应用场景？

我们梦想中的"不用动手，丰衣足食"的生活何时能到来？

未来的我能拥有一个人工智能好朋友吗？

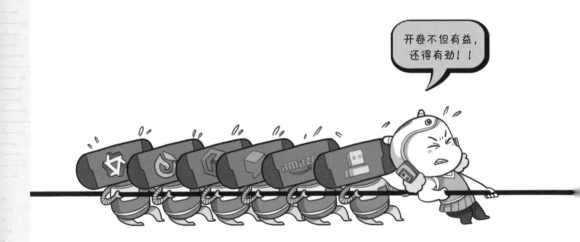

第二章

先说历史，
人工智能降生记

1
意念的诞生

很久很久以前，
久到远在大洋彼岸的苹果还没有砸到牛顿头上，
久到人类还没有冲破地心引力奔向月球……
世界大战还没打完的人类就开始畅想，
召唤机器人来帮自己吃饭睡觉打豆豆，
打铁种地干仗仗。

没有机器人的怨念汇集成了想象，
1816 年，一个 18 岁的英国小姑娘——玛丽·雪莱把人工智能的
概念在一本小说里具象化了。

她的小说《弗兰肯斯坦》中创造了一个半人类的"怪物"。
这是世界第一部真正意义上的科幻小说，
它还有一个更被人熟知的名字——《科学怪人》。

因为玛丽·雪莱的作品创作得足够早，
她被后人亲切地称为"人工智能之母"，
而她创造的 200 多岁的"无名怪物"也总是被喜欢
引经据典的后人拿出来反复碰瓷，
比如庸俗得又拿出来写了一遍的我。

查尔斯·巴贝奇（1791—1871）
英国数学家

《弗兰肯斯坦》出版 5 年后，
英国科学家巴贝奇创造了一个 4 吨重的
大家伙——差分机，
不得不说，这个差分机是真的差……
它只能进行简单计算。

后来巴贝奇开始专攻分析机（现代电子计算机的前身）的设计，

结果失败了。

在失败的过程中，巴贝奇又改进了二代差分机的设计，

但是因为没钱，不得不半途而废。

1991 年，为纪念巴贝奇诞辰 200 周年，

伦敦科学博物馆将二代差分机当作文物制造了出来。

2

图灵机和图灵测试

图灵系列产品，你的试卷值得拥有！

图灵机　图灵测试　图灵完备　图灵奖

艾伦·麦席森·图灵（1912—1954）
英国数学家，人工智能之父

有了人工智能"妈妈"，怎么能没有"爸爸"呢？

小蝌蚪找妈妈，小 AI 找爸爸。

咦！找到了！是英国数学家艾伦·图灵。

他被称为"人工智能之父"，

年少成名，却英年早逝，

但这并不妨碍他留下了一系列传世名词——

图灵机、图灵测试、图灵完备、图灵奖。

划重点：

这些词未来很有可能会出现在你的试卷上。

现在，我们把时间线拉回 1936 年，

作为数学家的图灵开始了一生中最重要的工作——思考。

想着想着他突然顿悟了：

算来算去，人算不如天算，周天星辰，皆可为我所用。

然后，他"中二"了，抽象地设计出了一种计算机模型——图灵机。

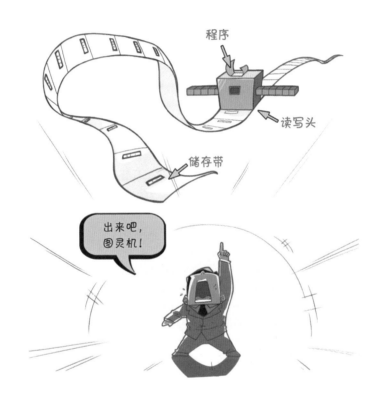

简而言之，

就是把人用纸笔来运算的过程抽象化，

然后由一个虚拟的机器代替人类进行计算。

把大象关进冰箱需要三步，

而把数字关进纸箱需要四步。

第一步：

拿出一条无限长的纸带，

纸带被分成若干个小格子。

小格子里从左到右标有编号 0，1，2……

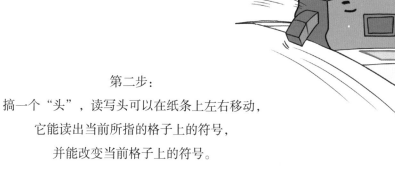

第二步：

搞一个"头"，读写头可以在纸条上左右移动，

它能读出当前所指的格子上的符号，

并能改变当前格子上的符号。

第三步：

注入灵魂，也就是运行规则。

它能确定现在机器的状态，

并且确定读写头下一步的动作。

第四步：

截图留存，也叫状态寄存器。

它可以保存图灵机当前所处的状态。

图灵机诞生了，

但是图灵系列产品生产大师并没有就此作罢。

时间到了 1950 年，

彼时，计算机刚刚出生，还是个小宝宝，

大洋彼岸的大师们就开始迫不及待地

给计算机出"高考题"了。

而其中最为出色的一个考题无疑又是图灵出的。

于是，这个图灵出的测试就被后世简单粗暴地称为"图灵测试"。

那么，什么是图灵测试呢？

听着很"高大上"，实际却很简单——

就是找一群人来陪人工智能唠嗑。

每个人分别和 AI、人类各唠 5 分钟的，

然后，问这些人一个拷问灵魂的问题：

你能分清刚才和你聊天的，

哪个是人工智能，哪个是人类吗？

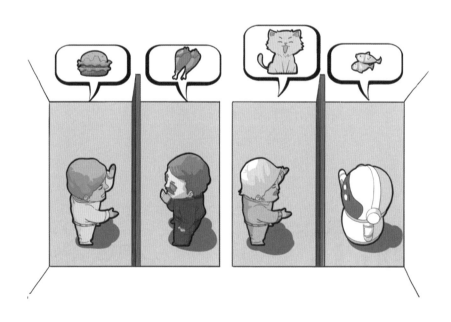

3
达特茅斯
会议

研究人工智能的人越来越多，

后妈、二叔、四伯、七舅老爷，傻傻分不清。

亲戚太多了怎么办呢？

那就开个会吧！

1956年的夏天，

会议在美国达特茅斯学院召开，

所以就叫达特茅斯会议吧……

会议研究七个领域：

自动计算机、编程语言、神经网络、计算规模的理论、

机器学习、抽象、随机性和创见性。

会议的召集者是出生于 1927 年的美国人约翰·麦卡锡，

他在 1971 年获得了计算机界的最高奖项——图灵奖。

麦卡锡、明斯基、塞尔弗里奇、香农、纽厄尔、西蒙，

六位主要成员带着自己的战果前来赴会。

瞧这阵容只差一位就可以召唤神龙了，所以他们只召唤出了人工智能。

AI 召唤出来了，开始取名。

"听我的，叫机器智能。"

"听我的，叫人工思维。"

"加上'人工'一词不好。"

"学术一点，叫复杂信息处理吧。"

"不好记，叫人工智能。"

……

这个争吵持续了很多年，

直到 1965 年，

"人工智能"这个名字才被广泛接受。

罗切斯特:
科学用计算机 IBM701 的
首席设计师

塞尔弗里奇:
机器感知之父

麦卡锡:
发明了 LISP 语言
（人工智能领域的计算机程序语言）

明斯基:
人工智能框架理论的
创立者

西蒙:
提出物理符号系统假说

雷·所罗门诺夫:
算法概率论的创始人

香农:
信息论创始人

第三章

再说故事，
什么是人工智能

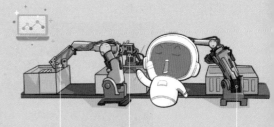

1

一个餐馆里
的故事

名字有了，可 AI 究竟是什么呢？

是摆在家里书桌上每次呼叫都回复"我在"的智能音响小爱、小友、小度吗？

还是可以自动"红灯停、绿灯行"，

乖巧安全抵达目的地的无人驾驶汽车？

抑或是下围棋从百战百输到百战百胜、从"青铜"打到王者的 AlphaGo？

2016 年 3 月围棋人机大战
AlphaGo 以 4 比 1 战胜韩国顶级围棋手李世石

这些可以说是，但也不全是，人工智能 AI 是英文 Artificial Intelligence 的缩写，

而这个英文单词的释义是——

计算机环境下对人类智能的模拟再现及其相关技术，

简单来说，就是让计算机拥有像人类一样的"思维"。

这也是人工智能诞生之初的理念。

那么，什么是"像人类一样的思维"呢？

计算机可以在分秒间完成一个复杂庞大的计算且准确无误，

也可以把圆周率计算到人类无法触达的小数点后万亿位，

可以说是很聪明了，但是这并不是人工智能，

人工智能是指具有创造性的处理事物的方式，最简单的例子就是能够举一反三。

为了理解"像人类一样的思维"，我们用一个餐馆里发生的故事来打个比方。

不知名时空里某个不知名的小餐馆，
老板正在召开第 N 届员工动员大会。
"自从外卖行业火了，餐馆基本没啥人了，
外卖的订单虽然多，但是很多顾客只点一个菜，
我们的新品汤圆都推销不出去，诸位都是厨师界有头有脸的人物，
所以……我们要？？？"

"老板，我想到了！
我们让每一个顾客下单的时候都选一个标签，
喜欢甜的还是喜欢咸的。
喜欢甜味的，我们就送甜汤圆，
而喜欢咸味的人，我们就送咸汤圆！"

"那要是顾客懒得选怎么办？"

"那我们可以参考顾客订单里选购的食物。

咱们饭馆有四个菜品，两种是偏甜口的，两种是偏咸口的。

如果顾客点了甜口的菜，我们就送甜汤圆；

反之，点了咸口的菜，我们就送咸汤圆。"

老板说："现在还有个新问题，我从隔壁包子店进了一批包子，

我们不知道是咸的还是甜的。

你们可以去隔壁店里观察记录一下，

如果顾客点甜口菜时选择了这种包子，

那这个包子大概率就是甜的；反之，那就可能是咸的。"

经过三个月的努力，

餐馆的外卖生意越来越好，

很多人听说有家神秘的餐馆可以猜到顾客喜欢甜的还是咸的，

于是慕名来餐厅就餐，

店里的生意也渐渐好了起来。

美中不足的是……

想了半天却举了一个失败例子的作者……

2
AI 究竟
是什么

我们来思考一下，用计算机来计算饭馆故事中的三种情景，

哪种属于人工智能呢？

第一种让顾客选标签肯定不是，

通过提前预设的信息，来匹配选择，这显然不是人工智能；

第二种参考顾客订单的方法看上去好像聪明了一些，学会了联想，

但是，依然是通过将信息分到两个不同的集合中，执行在集合中寻找同类的操作。

换句话说，也就是根据已经存储的信息来做判断。

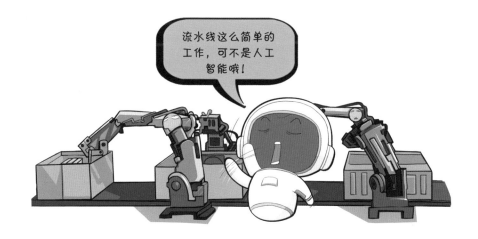

我们再来看最后一个情景，情景中出现了一个未知的信息，

没有预设是甜还是咸，这就需要计算机来思考了。

首先，判断包子是甜还是咸，需要计算机先去对比，

有哪些喜欢甜口菜的人选择了这个包子，

得出结论，这可能是个甜包子。

其次，再根据顾客点菜的情况，把甜包子推给喜欢甜口菜的人。

这就达到了一个最基础的"举一反三"的思考逻辑。

根据经常与未知口味食物一起出现的已知口味食物来推测未知食物的口味，

（来！一起来段 b-box 绕口令）

这就是一个最简单的经常用于人工智能领域的思考逻辑。

那么，AI 的本质是什么呢？

是指各种机械设备、机械手臂吗？

是科幻电影中上天入地的机器人吗？

实际上，AI 就是一个计算机程序。

AI 也是一门"思考如何让机器变得像人类一样"的综合学科，

是未来留给全人类、全部生灵的一个课后作业。

某个人工智能功能的实现，

是由一个一个为了解决某个单独目标而运转的程序组成的，

这些程序共同连接、集合，

形成一个整体。

我们现在所使用的人工智能功能，

则是由无穷多的程序聚合而成的一个整体。

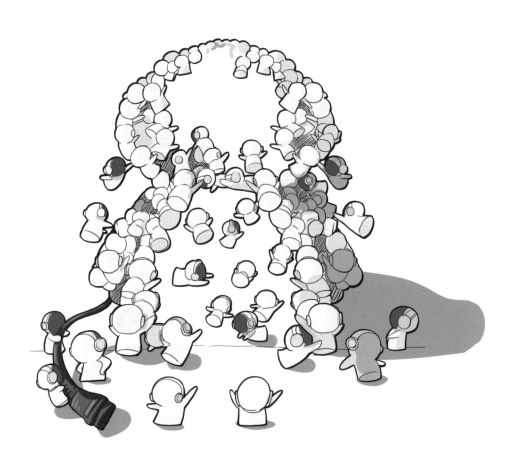

3

弱 AI、
强 AI 和超 AI

人工智能也是要参加考试的，
它有三个"学位"要拿，
分别是弱人工智能学位、强人工智能学位和超人工智能学位。
目前世界上存在的所有人工智能宝宝
都还处于咿呀学语的阶段，
也就是弱人工智能的阶段。

弱AI

强AI

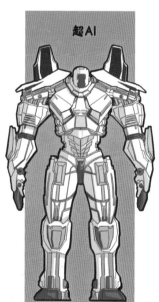

超AI

弱人工智能可不是我们常常调侃的"人工智障",

它在某些方面甚至表现得比人类更强,

比如打败了人类的围棋机器人 AIphaGo 就是弱人工智能,

它只会下棋,你让它陪你唠嗑它就不会了。

弱人工智能擅长做某单一方面的事,在做这件事的时候,它看上去像人类一样,

但只是"看着像"而已,实际上并没有自主的意识。

强人工智能又是什么呢?

它是指能够真正进行推理、有自我意识的机器。

而强人工智能又分成两种:一种是类人的人工智能,

模拟人类的思考,让机器的思考和推理就像人类一样;

另一种是非类人的人工智能,

就是机器产生了和人类完全不一样的意识,

可以独立思考,从而产生一种新的文明。

在未来的未来，人工智能进化成超人工智能，各方面都比人类要强。

有一些科学家认为，让计算机拥有 6 岁孩子的智慧需要几十年、几百年，

而当计算机拥有智慧之后，

从 6 岁孩子的水平到能够推导出爱因斯坦相对论的水平可能只需要几小时。

由人类创造的机器将会超越人类。

超人工智能的实现还很遥远，

从弱人工智能到强人工智能的路上就有许多难题需要攻破。

比如，人类的大脑太复杂了，人类自己还没搞明白呢，

更别说对应着应用到计算机上了；

对人类来说很困难的微积分、翻译等逻辑性强的东西，对计算机来说太简单了；

而直觉、感受、情绪这些人类与生俱来的东西，

对计算机来说又是完全不可理解的事。

第四章

人工智能也想要
亲眼看看这世界

1
人工智能的五感

人类感知世界的方式有很多种：

可以通过眼睛看到山上瑰丽的风景，

可以用耳朵倾听夏日蝉鸣的声音，

可以用鼻子轻嗅雏菊的香气，

可以用嘴巴尝遍酸甜苦辣咸，

可以用手指来感受棉花的轻软……

那么，人工智能可以拥有五感吗？

它又是怎么感知世界的呢？

味觉　视觉　触觉　听觉　嗅觉

让我们先来看看人工智能的视觉——视觉识别技术。

通过摄像机和人工智能算法可以让人工智能拥有"眼睛"，

对世界万物进行识别、跟踪和测量。

目前视觉识别技术已经应用在很多地方了，

比如：我们生活中常用的人脸识别功能；

工业生产中对瑕疵品的辨别，不仅比人眼更加精准，效率还更高呢；

交通领域里，路口的摄像头能够对违法行为实时捕捉，24 小时全年无休。

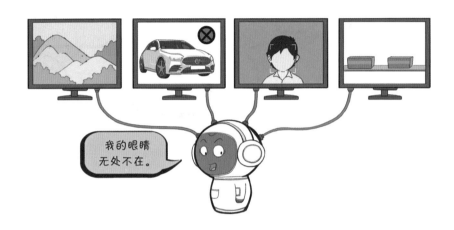

人工智能的听觉——语音识别技术。

当你无聊想和人说说话的时候，

你对智能音箱说一句，它就能回复你，

还能根据你的指示为你放歌、开灯、开电视，

这运用的就是语音识别技术。

还有生活中常用的

翻译软件、语音输入等，

靠的都是人工智能强大的"听觉"。

人类的嗅觉，是五感中比较神秘的一项，一种气味甚至可以唤醒一段回忆，

这也是"情景记忆"研究的一个方向。

人工嗅觉系统，可以对人工智能进行气味训练，

经过训练后的人工智能可以准确地识别出空气中的气味分子，

这可以帮助人们识别空气中的有害物质，

例如天然气浓度超标、管道泄漏的时候就能自动报警。

同时，通过遥感系统，人工智能将感应到的气味信息通过互联网远程发送，

实现气味的再现，这种技术就叫作嗅觉生成。

未来，人类有望实现在没有实物的情况下进行气味再生，

AI 与 VR（虚拟现实）结合就可以让人类在虚拟世界中也感受到气味了。

想象一下，虚拟世界如果展现的是满汉全席或糖果天堂，是不是既虐又美好？

你能想象草莓味的"电"是什么味道吗？小龙虾味的呢？

人类通过吃饭来补充能量，

而人工智能的"身体"则需要通过充电等方式来获取能量。

为了让人工智能也"吃"上山珍海味，让充电变得不再无聊，

研究机构尝试通过不同频率的电流和变压，来刺激人工智能的"味蕾"。

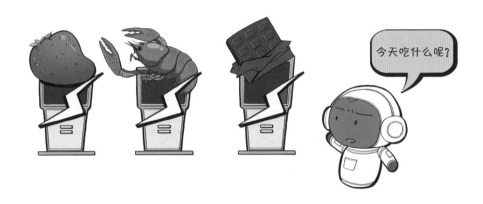

最后我们再来聊聊人工智能的触觉。

想要实现人工智能的触觉，不是一件简单的事，

它需要多个传感器共同作用。

这里就会遇到两个难点：

其一，视觉和听觉都是一个被动接收信息的过程，

人工智能待在那里就可以，

它不需要有什么主动的动作；

但想实现触觉，总得先碰触到吧，

这就需要控制机器去

主动碰触需要感知的物体。

其二，

要想感知材质是硬的还是软的，

温度是温的还是凉的，

表面是光滑的还是磨砂的……

都需要复杂的传感器和复杂的算法去计算处理成"触觉"。

有科学家提出，人类的触觉或许还与神奇的"第六感"有关，

我们也期待有了触觉的人工智能也可以生出"第六感"。

2
人工智能擅长做什么

人类或许没有大象的力气大，也没鱼儿的潜水能力强，

更没有蝙蝠耐高体温……

但是人类凭借创造力成为大自然界最特别的一类生物，

成为文明史中独特的存在。

和人类一样，人工智能也有擅长和不擅长的事情。

40℃   40℃

虽然菜，
却是王者。

先来说说人工智能擅长的事吧。

人工智能擅长从大量的数据中寻找规律，

也就是对数据进行分类。

比如对邮件分类，

将垃圾邮件拦截；

再比如辨别一张照片中的

动物是猫是狗还是兔子。

这些分析数据的工作对

人工智能来说都是信手拈来的。

人工智能可以快速接收大量的信息。

我们可以把所有知识和数据一股脑地全部灌入人工智能的"脑子"中。

同时，这些知识和数据还不会被遗忘。

我们上网用到的智能搜索引擎，

就是对互联网上所有的信息进行处理，

让人们可以快速找到自己想要的

信息的人工智能。

人工智能可以快速处理数据。

人工智能对数字的处理能力就像是与生俱来的天赋，

并且随着硬件、系统的不断升级，云计算技术的更新迭代，

它的计算速度每年都会有一个大的跃升。

人脑的计算速度远远比不上计算机，

现在很多科学研究都要通过超级计算机来验证结论的正确与否。

计时～～～～～～～～～～～～～～开始！

3

人工智能不擅长什么

人工智能虽然厉害，但也有不擅长的东西，比如创造力。

它的"创造"必须建立在人类的"经验"之上，

更像是一个从巨大的池子里抓取"元素"进行"排列组合"的过程。

对于只喜欢硬逻辑的人工智能来说，

那些"花里胡哨"的艺术创造实在太难理解了，

但敷衍敷衍人类还是足够的。

同时，人工智能也很难理解人类的感情，

比如爱情、亲情、友情、悲伤、快乐、苦闷。

人工智能表示："你们人类真是太复杂了……

你是如何从语气中听出他言不由衷，又是如何从他的表情看出他是在苦笑？"

这就触及"机器"的知识盲区了，人工智能表示它只喜欢"0"和"1"。

最后一点，人工智能无法给某一类问题提供答案。

比如，网络上的八卦记者说某一位明星结婚了，

在没有权限进入政府系统的情况下，人工智能无法得到答案，

因为这不是数据分析可以解决的问题。

所以想要确定某类问题的答案，

还需要人类自己去查验得出正确的结论。

今天，人工智能已经能在某些课题上"预测未来"，

帮助人类得出一些人类无法确认的结论。

人工智能的未来和人类一样，都有着无限的可能，

而所谓"擅长"和"不擅长"的事情是基于现有的技术和研究得到的推断。

或许某一天，

我们这里谈到的不擅长的事情，

也会变成人工智能擅长的事情呢。

第五章

人工智能也想要亲亲抱抱举高高

1
人工智能不
等于机器人

一提起人工智能，许多人都有个大误会，

那就是研究人工智能就是研究机器人。

实际上，两者最大的区别在于一个是实体，

而另一个可以是虚拟。

人类无法将灵魂和肉体分开，但人工智能可以。

比如会下围棋的人工智能本质上就是一段编程程序，

它的"智能"不需要通过"身体"就可以实现。

这是……
什么玩意？

机器人是指同时拥有感知、控制、驱动三大技术要素的机械。

感知是由传感器来完成的，也就是机器人的眼睛和双手，

可以捕捉到温度、湿度、图像、声音等信息；

控制是指根据机器人的作业指令程序，

以及从传感器反馈回来的信号控制机器人，

使其完成规定的运动和功能；

驱动则是指驱动装置，

也就是让机器启动起来的能量。

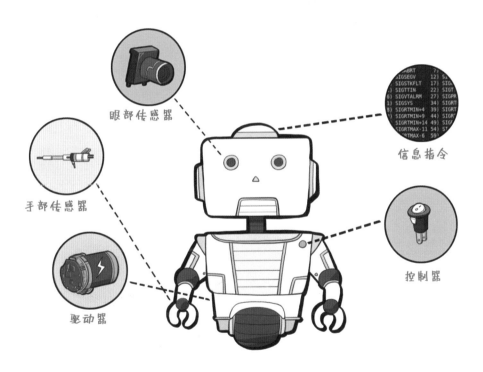

眼部传感器

信息指令

手部传感器

控制器

驱动器

如果把机器人的结构和人类进行对比的话：

传感器＝人类的眼睛、鼻子、耳朵等器官；

控制器＝人类的大脑；执行器＝人类的四肢等用来完成动作的器官。

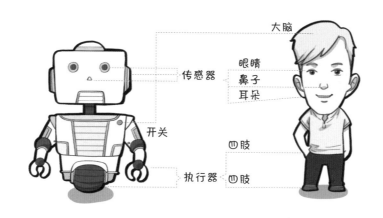

从广义上看，

"机器人"包括许多可以操控的机械，

比如物流搬运车、生产加工的机械臂、家里的扫地机器人等，

这是一个很大的类别呢。

但从人工智能领域的机器人研究来看，

机器人是人工智能的实体展现，

机器人研究只是人工智能研究方向中的一个。

所以说，

机器人研究并不等于人工智能研究哦。

2

人工智能需要
有身体吗

问题来了，既然人工智能不等于机器人，

那么人工智能一定需要身体存在吗？

为了防止万一以后人工智能造反要毁灭人类，

不如我们现在干脆不给人工智能配身体了，行不行？

消灭人类！
消灭人类……

我们跟外部环境互换信息，

依靠身体的各个部位配合完成，

如果人工智能没有身体，它就只能与数据互动，

而不能从自己与环境的接触中形成感受和意识。

别人给的终究差一些，

感受这种东西还是得亲自来。

毕竟，"纸上得来终觉浅，绝知此事要躬行"嘛。

从现阶段的研究来看，

人工智能拥有身体其实还是正面作用更多一些的。

多了获取信息的途径也就多了更多的可能性，

但是对于人工智能究竟需不需要身体这个终极命题，

科学家们的意见并不统一。

一部分科学家认为，

人工智能是一段代码程序，

数字世界才是它的归属，

它并不需要一个固定的身体。

未来，万物互联，数据共享，

人工智能将会无处不在，

地球上的机械都可以成为人工智能的身体。

另一部分科学家却认为，

人工智能的终极研究目标就是让它成为人类并超越人类。

我们要给机器赋予生命，创造出人工生命，

人工仿生机器人的研究就是必需的。

当人们根本分不清坐在对面的

是人还是人工智能时，

才能让人工生命和人类

在现实世界中共存共生。

但是，一旦人工智能拥有了身体，就会扯出更多伦理上的麻烦问题。

但科学的进步不会因为未知的问题而停滞。

无论如何，人工智能和机器人的研究依旧在路上，

而未来如何只能等待时间给我们答案。

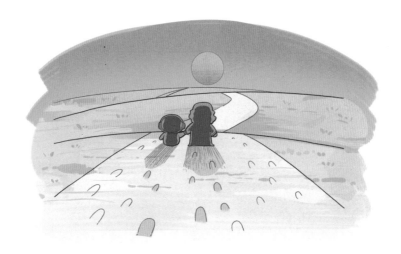

3

哲学家——
人是机器吗

你有没有想过一个问题：

如果我们造出了一个和人一模一样的生命，

或者说虽然长得不一样，构造也不一样，

但是智商和人一样，有人的思考方式，甚至认同人类文明的生命；

而如果你恰好也认同，躯壳不是人类的本质，灵魂才是的观点；

那么，这个新的生命是不是就可以被认为——"它"也是一个人。

反推回来，如果这些物质的组成，

可以完全达到和人一样的思维逻辑，做到和人一样的事情。

那是不是也就反向地证明了，人等于机器。

人或许只是由 DNA 挟持蛋白质等物质组成的一台机器呢？！

再深入一些，既然物质和程序这些没有生命的东西可以组成生命、控制生命，

那么，人类究竟是蛋白质一类的物质控制了细胞、细胞又控制了身体，

还是大脑控制了细胞呢？

我们是不是只是这些物质控制的傀儡，

人类的意识和灵魂会不会只是一个虚假的认知？

细思极恐!

这事不能再想下去了,

再想下去就是小小蛋白质挟制细胞抢劫地球的故事了,

还是留给科学家和哲学家去头痛吧。

反正,就算人类也是一种机器,

那也一定是整个地球上最独特的"机器",

乃机器中的"战斗机"是也。

4
伦理学家——
机器是人吗

换换脑子，我们再来思考另外一个问题：

机器是人吗？

如果人工智能和人一样可以思考、有感情，

那么它是不是就是人了呢？

嗯……有道理。

如果答案是"是"，那伦理学家就要头痛了。

人工智能的"人"权要怎么保障？

人类能和人工智能结婚吗？当人类去世后，财产能由人工智能继承吗？

人工智能能拥有选举权和被选举权吗？

人类最后是否只能用"身份证"来区分人或机器了？

如果人工智能犯罪了，可以杀死人工智能吗？

人工智能是永生的，那我们需要人为干预，

终结人工智能的生命，从而维护社会秩序吗？

总之，如果人工智能是人类，

那么社会秩序必将有一次史无前例的大动荡。

青鸟童书
只做对得起时间的书

孩子读得懂的人工智能

人工智能

② 努力长大

李霁月 著 小未 绘

北京理工大学出版社
BEIJING INSTITUTE OF TECHNOLOGY PRESS

图书在版编目（CIP）数据

孩子读得懂的人工智能：全3册 / 李霁月著；小未
绘. -- 北京：北京理工大学出版社, 2023.8
　ISBN 978-7-5763-2298-9

Ⅰ.①孩… Ⅱ.①李… ②小… Ⅲ.①人工智能－少
儿读物 Ⅳ.①TP18-49

中国国家版本馆CIP数据核字（2023）第082164号

出版发行 / 北京理工大学出版社有限责任公司
社　　址 / 北京市海淀区中关村南大街 5 号
邮　　编 / 100081
电　　话 / （010）68914775（总编室）
　　　　　 （010）82562903（教材售后服务热线）
　　　　　 （010）68944723（其他图书服务热线）
网　　址 / http://www.bitpress.com.cn
经　　销 / 全国各地新华书店
印　　刷 / 三河市金元印装有限公司
开　　本 / 787 毫米 × 1092 毫米　　1/16
印　　张 / 15.5　　　　　　　　　　　　　　　　责任编辑 / 徐艳君
字　　数 / 168 千字　　　　　　　　　　　　　　文案编辑 / 徐艳君
版　　次 / 2023 年 8 月第 1 版　 2023 年 8 月第 1 次印刷　　责任校对 / 刘亚男
定　　价 / 69.00 元（全3册）　　　　　　　　　　责任印制 / 施胜娟

目 录

♥ **第一章 专家系统，**
　　让专业的 AI 干专业的事

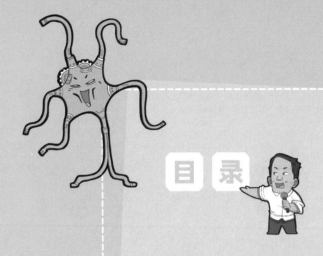

目录

第一章

专家系统，让专业的 AI 干专业的事

1
寒冬中的第一缕霞光

人工智能"出生"后，便开始慢慢长大。

但是！

根据熟读一千本小说后总结出的主角光环定律——

"主角"的成长必然不会是一帆风顺的，

不经历磨炼怎会有奇遇！

在人工智能长大的过程中也遇到了好几次挫折。

人工智能刚出生就是个备受瞩目的"天才宝宝"，

各个领域的科学家都对人工智能寄予厚望。

但是 5 年过去了，10 年过去了，

人工智能总是没有什么突破性的进展。

期望变成失望，大家纷纷开始质疑，人工智能有必要继续研究下去吗？

1973 年，著名数学家莱特希尔向英国政府提交了一份关于人工智能的研究报告，

报告中指出当时机器人技术、图像识别技术等研究已经彻底失败，

那些宏伟的目标不过是空想。

一时间，AI"战火"被点燃了。

随后，科学家们为了坚守各自的理论，

开启了一轮又一轮的"保卫战"，

管它是兴还是衰，来呀，战斗吧！

那个时期，

硝烟弥漫的人工智能圈总是被这样的声音包围——

AI 没有什么实际价值。

于是，各个国家和机构开始逐渐减少资金的投入。

钱不是万能的，但做研究没有钱却是万万不能的。

从理论走向实践、从实验室走向应用总是有着一道接一道数不清的坎。

撤资、质疑、批评，人工智能诞生以来第一个漫长的寒冬来临了。

谁能够拯救这个时期的它呢？

寒冬中的第一缕霞光——
专家系统应运而生。

1978 年，美国卡耐基梅隆大学开始研发一款能够帮助顾客
自动选配计算机配件的程序——XCON。
1980 年，软件开发成功并投入使用。
这是一个完善的专家系统，也是专家系统时代最成功的案例代表。
在投入使用的 6 年里，XCON 处理了约 8 万个订单，
这也意味着人工智能有了实际应用价值。

卡耐基梅隆大学的计算机专业常年稳居世界前三名，
还培养出了 10 多位图灵奖得主

2
什么是
专家系统

首先我们来思考一个问题：

在我们身边，通常什么样的人会被称为专家呢？

比如主任医师，掌握大量的医学专业知识和临床经验。

比如大学教授，掌握着大量的学术知识，传道授业、做研究。

比如高级工程师，能够打造无比精密的元件，

送火箭飞入太空，让五星红旗在宇宙深空中飘扬。

你以为的专家

本科	研究生	博士	专家

下面我们来总结一下，专家有什么特点呢?

一是掌握某个或多个特定领域内丰富的知识和经验;

二是能够根据丰富的经验和知识，

应用强大的逻辑推理，解决问题。

好，关键词总结出来了：知识或经验、逻辑推理、解决问题。

专家系统就是让机器模仿人类处理问题的行为，

再用计算机程序表达出来。

在程序中包含大量的某个领域的专业知识和经验，

并且能够复制人类在处理某一个领域问题时的方法，

从而帮助人类处理专业性的问题。

询问口令：我什么时候可以脱单？

专家系统：嗯……你头发掉光前别想了。头发掉光后你应该……就习惯了……

3
知识库和推理机

专家系统主要由两部分组成：
知识库和推理机。

什么是知识库？

网购平台存储商品有仓库、存储粮食有粮仓、存储水有水库，

你的爸爸可能会有小金库……

人类存储知识的"仓库"是大脑，

而人工智能用来存储知识的"仓库"便是知识库。

在知识库中，不同的知识是以知识规则的形式存放的。

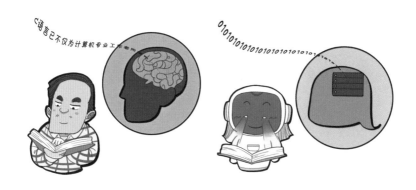

什么是推理机？

名侦探柯南可以通过推理得出杀人凶手究竟是谁，

你可以通过推理和计算得出一道数学题的答案，

机器也可以通过推理来判断眼前的生物究竟是猫咪还是二哈。

推理机，顾名思义，就是让机器学会"推理"。

推理机的工作原理是：把信息和知识库中的知识规则进行反复匹配，

找到各项规则都匹配的那一条，

最终得出结论，解决问题。

我们来举个例子。

在关于汤圆的知识库中输入了一条花生汤圆和黑芝麻汤圆的知识规则——

白色的、软软的、圆形的、

戳破后可以流出流沙状褐色颗粒内馅的，

就是花生汤圆，

否则，不是花生汤圆。

结论：是花生汤圆。

白色的、软软的、圆形的、

戳破后可以流出流沙状黑色颗粒内馅的，

就是黑芝麻汤圆，

否则，不是黑芝麻汤圆。

如果以上两条规则都不符合，那么，就会被视为无法识别种类。

这也是专家系统的局限。

专家系统的能力取决于录入知识库中的知识规则的详细程度，

一旦问题超出了录入的知识规则的范围，

那么便无法解决这个问题。

如果知识库中还记录了其他知识规则，

比如桂花汤圆、山楂汤圆、巧克力汤圆的知识规则，

专家系统就会继续往下验证。

可能在反复验证 10 次后，发现和山楂汤圆的规则吻合，

专家系统就会判定，这是山楂汤圆。

4

专家系统的
能与不能

专家系统应用非常广泛，
比如能够为病人进行初步医疗诊断的 AI 医生，
帮助农民进行科学灌溉的专家系统，
专门用于飞行天气测算的专家系统，
辅助科研人员进行科学实验和研究的专家系统等等。

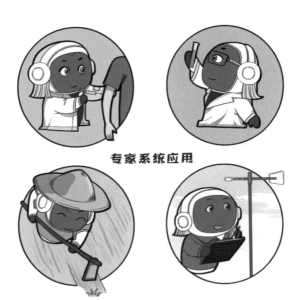

专家系统应用

不过，专家系统也有很多局限性。

如果输入知识库中的知识规则有误，那就一定会出现错误的判定结果。

而且，知识库中的知识和经验都来自人类，

所以专家系统永远无法成为超越人类的存在。

20 世纪 80 年代初到 20 世纪 90 年代初，是专家系统的黄金时代。

后来，随着日本第五代计算机的幻灭，

不能自主学习的专家系统成为老掉牙的"名词"，变得不再时髦，

人们在包装和吹嘘自己的产品时，

也不再使用"专家系统"这个名词。

到了 21 世纪，消费互联网催生了电子商务，

又出现了很多和 XCON 类似的应用。

但是，它们摇身一变，改名为规则引擎，

广泛应用在反欺诈和风险控制等领域。

第二章

爱学习的 AI 就是要天天向上

1

让机器像人类一样学习

如何能让机器变得像人类一样聪明？

答案自然是：

好好学习、天天向上！

作为一个有理想有追求的人工智能，

自然，也是要上学的。

没想到，机器人也摆脱不了上学的命运。

那么，如何让机器学习呢？

首先，我们要提供学习的素材。

把要学习的内容用文字、图片、视频等
各种素材汇集成一个巨大的数据包。

然后，开始集训。

搬一只小板凳，让机器乖乖地"坐"下，

然后根据数据包中的素材对机器进行训练。

比如，我们提供 10000 张不同角度、不同规格的汤圆图片，

告诉机器，这个是汤圆，

机器就会乖乖记下，把这一类数据都归为一个标签——汤圆。

同时，机器还会记住汤圆的特征，

比如圆圆的、有内馅、煮熟之后软软的，等等。

这些特征就是机器的学习成果了。

在它聪明的小脑袋瓜里，

会把这些特征记录为标签是"汤圆"的数据库的"特征值"。

最后，验证学习效果，开始考试。

拿出九九八十一道封印的绝密考卷，也就是数据库里没有的汤圆照片100张，

然后让机器来选择，这些是汤圆吗？

机器凭借扎实的基本功，自然是很顺利地通过了考试。

这种通过特征值来匹配标签的行为就叫作"拟合"。

除了拟合，还有"欠拟合"和"过拟合"的概念。

当提供的数据样本太少，从而导致机器无法判断的情况就是欠拟合。

比如我们只给了数据库 1 张汤圆照片，机器在看到不同角度、大小的汤圆时，

就会因为数据样本不足而导致无法判断。

过拟合又是什么呢？

比如我们提供了 100 万张煮熟的、装在碗里的汤圆的照片，

而没有提供放在包装袋里的汤圆的照片，

机器判定煮熟的汤圆的成功率接近 100%。

而某一天当它看见了冰柜里的带包装的汤圆时，

由于与数据库的特征值不符，直接得出结论——这不是汤圆。

这就是过拟合，即样本数据不能概括某个标签的所有特征值，

而是对某一个特征过度拟合。

机器学习的过程其实和人类学习的过程很类似。

比如，在你小时候，妈妈可能会对你说过这样的话：

"宝贝，这个叫猫咪哦！

它的毛软软的，眼睛圆圆的，有两个尖尖的小耳朵，

还有一条毛茸茸的尾巴，是我们的好朋友哦。"

下次你再看到猫咪图片或者活的猫咪的时候，

会对比记忆中的猫咪的特点，

虽然眼前的这只已经不是妈妈给你讲的那只猫了，

但是，你依然还是判断出，这是一只猫。

这时，你便成功掌握了一个知识，什么样子的动物是猫。

2
监督学习

机器在学习的时候，

根据学习方式的不同，也分为好几种类型。

我们首先来认识第一种类型：监督学习。

老师在教你知识的同时，告诉你问题和答案。

对应到机器学习上，

就是指把数据和正确答案一起导入进去。

举个例子，我们想教会机器分辨什么是熊猫。

准备 10000 张熊猫的照片，

然后拿出每一张照片告诉机器：这是什么？这是熊猫。

这样的一组有关熊猫的学习数据和

正确答案"熊猫"所组成的组合，就叫作监督数据。

机器从监督数据中学习规则和模式。

监督学习最典型的应用案例就是判断垃圾邮件。

前提是，我们需要给机器两个数据：

垃圾邮件数据和非垃圾邮件数据。

当然了，机器和人类学习记忆的方式不一样，

需要把数据打包成机器可以识别的方式。

假设，在准备的 10000 封电子邮件中，

有 5000 封垃圾邮件和 5000 封非垃圾邮件。

为了让机器能够理解和学习，

每一封垃圾邮件都对应标为数字 1，形成 5000 组数据；

每一封非垃圾邮件都对应标为数字 0，也形成了 5000 组数据。

这样，机器在获得了这些数据后便有了"分辨"的能力。

1 垃圾邮件 　爆！点我，装备全送、神兽神兵爆率100%！

1 垃圾邮件 　你想轻松月入过万吗？会打字就能赚钱，名额有限！

0 非垃圾邮件 请于今天18:00前将论文的题目发给我

1 垃圾邮件 　今天办卡，冲100送1000，冲啊！

0 非垃圾邮件 附件里是上次春游的照片

1 垃圾邮件 　吃土都要买：万圣节特惠来了！

1 垃圾邮件 　购买假期特惠游戏，最高可省75%

0 非垃圾邮件 初选已完成，金卡申请资格您成功获得了！

1 垃圾邮件 　XX邮箱：祝你生日快乐！

1 垃圾邮件 　夏日旅游哪里去？

1 垃圾邮件 　美图来这里拍就对了！

......

除了分类问题，监督学习还可以让机器学会回归问题，

从具体数值中得到一条能够很好地解释这些数据的线，

也就是传说中的，预测。

听起来很复杂吧？其实实现方式很简单。

举个例子，我们有 30 年内北京地区天气情况，

包含温度、湿度、风向等各类数据，将这些全部输入机器里。

想要预测一下明天会不会下雨，

就需要用过去 30 年里的数据和今天的数据进行对比。

先看看今天和过去哪一段时间的天气走势最像，然后把这段走势单独提取出来。

再看看在那段时间里第二天的天气如何，从而可以预测明天是否会下雨。

3
无监督学习

我们在学习的时候，除了老师教给我们的知识，

还有一部分是我们自主学习的知识。

机器在学习的时候也是这样。

直接把一堆数据丢给计算机，让它自己分析并得出正确答案，

即不给出监督数据进行机器学习的方式。

简而言之，就是让机器自己看着办的学习方式。

机器在进行自主学习的时候，会把数据集群化，也就是聚类。

简单来说，就是把数据分成一堆一堆的，让数据成为若干个不同的小团队。

当然除了聚类，无监督学习还有许多其他方法，

只不过在这里我们就先了解一下比较典型的聚类吧。

我们都知道，食材不同，

做出菜的味道也不同。

无监督学习的聚类也一样，

提供给机器的数据如果略有差异，

不同的机器很可能就会产生不一样的聚类方式，

导致最终得出不同的结果。

4
强化学习

最后一种学习方式，强化学习。

对某种状态下的各种行动进行评价，并借此主动学习更好的行动方式。

简单来说，就是做对了有奖励，做错了有惩罚，

从而让机器来主动学习更好的行动，舍弃不好的行动。

其实我们在训练小动物的时候，用的正是类似于强化学习的方式。

比如，我们想让猫咪学会在固定的位置上厕所，

那么当猫咪使用猫砂时，会获得小零食奖励。

相反，如果猫咪随地大小便，不仅不会获得零食，

还可能被数落一通，甚至被抱去洗个强迫澡。

大部分猫咪都很讨厌洗澡，反复几次后，

猫咪就会意识到使用猫砂会获得零食，不使用猫砂会被惩罚。

聪明的"猫主子"当然知道怎么选啦！

所以，强化学习就是一种通过设定各种评价体系，

比如打分、奖励等机制，

让学习对象主动选择可以获得更高分、

更多奖励的行动方式。

以上三种机器学习方式，都有各自不同领域的优势。

监督学习的优势在于分类，

可以高效准确地判断哪些是垃圾邮件；

无监督学习的优势在于聚类，

可以把网友对于产品的评价按照优劣分组，一目了然；

强化学习的优势在于学习行动模式，

可以开发出陪人聊天、逗人开心的对话程序。

当然啦，除这三种以外，机器学习还有一些其他方式，

如果你有兴趣，就多多去了解学习吧！

学习方式	优势	举例
监督学习	分类	区分垃圾邮件
无监督学习	聚类	对购买者给出的差评、中评、好评进行分组
强化学习	行动模式	陪程序员聊天解闷

第三章

神经网络，有"脑子"的 AI 才是最靓的仔

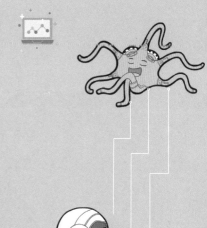

1
人类的大脑
和神经元

唉，虽然人工智能已经学会学习了，

但感觉不太聪明的样子啊！

一定是哪里出了问题！

这时，一个惊天地泣鬼神的想法闪过：

既然想让人工智能像人类一样思考，

那不如我们复制粘贴一下人类大脑的结构，不就成了？！

想要复制人脑，必须先来了解一下人脑的构造。

在人类大脑中拥有多得数不清的神经元，神经元可以传递和处理信息，

从而让人类能够记忆、学习和思考。

神经元由胞体和突起两部分组成。

其中胞体包括细胞核、细胞膜、细胞质；

突起则分为轴突和树突。

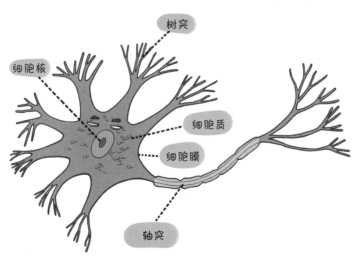

"梳着爆炸头的小脑袋"就是胞体了，
也是细胞"总司令"细胞核所在的位置。
长得像一条长尾巴的就是轴突。
像树杈也像珊瑚的就是树突。

那么，大脑中的神经元又是如何传递信息的呢？
这就和它神奇的结构有关了。

树突是一个"接收天线"，
可以接收到来自其他神经元的信号；
轴突是一个"发射天线"，
可以把信号传输给其他神经元；
而当一个神经元的轴突遇见了
另一个神经元的树突就会相连接，
完成信号的传递，
这个连接的部分叫作"突触"。

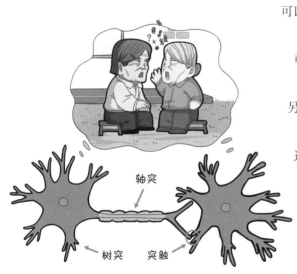

轴突

树突　突触

当然，神经元除了可以处理信息和传递信息，还有很多其他功能，例如分泌激素，把神经信号转化为体液信号，处理与智力相关的事务等。

关于大脑的奥秘，科学家们至今都还没有完全研究明白。

或许，神经元也还有很多很多人类未探知到的神奇功能。

虽然截止到目前，科学家们仍然没有研究出可以完全模拟人脑结构和功能的人工神经网络，但是科技的发展已经呈爆炸式更新迭代，或许未来 30 年、50 年，人工智能就可以变得比人类还要聪明了。

2
人工神经元

这里有一个问题——机器和人脑，怎么才能相通呢？

1943 年，两位先行者把这条"路"打通了。

这一年，科学家麦卡洛克和皮茨发表了一篇模拟神经网络的文章，提出了"人工神经元"的数学结构，用数学来模拟人脑神经元传递信息的过程。

果然，数学才是一切科学的基础。

沃伦·麦卡洛克（1898—1969）
美国神经学家，
计算神经科学的开创者之一

沃尔特·皮茨（1923—1969）
美国数学家

那么，如何才能让人脑中的"神经元"在机器中再现呢？

"一个神经元从其他神经元那里接收信号，

会产生与其接收的信息量相对应的兴奋和抑制两种性能。"

麦卡洛克和皮茨将这个过程最简化地模拟出来，

制作出了世界上第一个"人工神经元"。

下图就是一个简单的人工神经元的结构，

忽略生物神经元中细微复杂的部分，

只模拟人类神经元中的多点输入和单点输出的过程。

输入和输出用"0"和"1"

来模拟神经元中的信号传递。

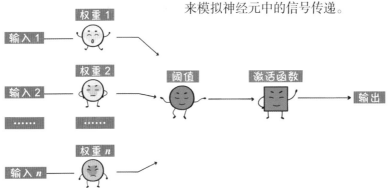

3

阈值与权重

在人类的神经元中，一般情况下，
单个突触释放的信号并不能促使神经元兴奋。

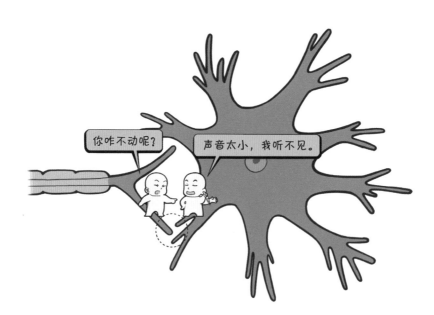

但是如果短时间内有大量的信号形成一个强力的刺激，
就会促使神经元产生"神经冲动"，
把信号通过轴突传递给其他神经元，
这个过程被称为"点火"，也就是"兴奋"。

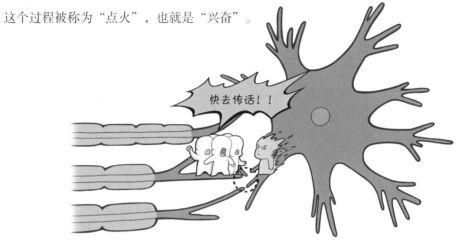

在"人工神经元"中，
则会赋予每个输入数值不同的"权重"，并设定一个阈值。

例如，我们假设有三个信号：
信号 1、信号 2、信号 3，都等于 1。
赋予信号 1，2.5 的权重；
赋予信号 2，1 的权重；
赋予信号 3，-2 的权重。
同时，我们设定阈值为 1。

当信号 1、信号 2、信号 3 同时输入的时候,

信号总量为 $2.5 \times 1+1 \times 1+ (-2) \times 1=1.5$。

已知阈值为 1,信号总量 $1.5 > 1$,所以产生兴奋,信号可以输出。

让我们来总结一下:信号总量≥阈值,对应"兴奋"。

而当信号 1 和信号 3 同时输入,信号 2 不输入时,信号 2 就相当于 0,

信号总量为 $2.5 \times 1+1 \times 0+ (-2) \times 1=0.5$。

阈值为 1,信号总量 $0.5 < 1$,产生抑制,信号不能输出。

即信号总量<阈值,对应"抑制"。

将"人工神经元"复制粘贴无数份，并组合在一起，

然后调整好"权重"，就组成了"神经网络"。

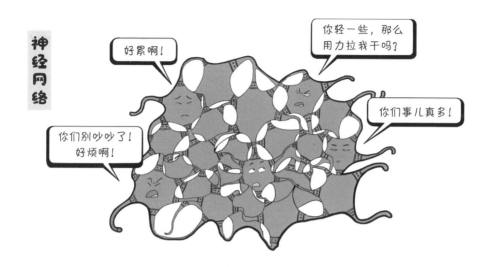

"权重"是神经网络中十分重要的概念，它可以被理解为"重要度"和"信赖度"。

我们打个比方：

一个可以免费领鸡蛋的消息是你从很好的朋友那儿听到的，

你觉得这个消息的信赖度就很高，权重也就很高。

你会觉得："哦，这事是真的！"

然后你就会立刻把这个消息告诉你爸妈，

让他们也去领鸡蛋。

但是，如果这个消息是一个不熟悉的人告诉你的，
你就会产生怀疑，权重就很低。

但是，如果很多不熟悉的人都告诉你了这件事，
那你可能也会觉得："哦，这可能是真的。"
并且也愿意把这件事分享给其他人。

于是，我们可以得到一个类比的关系：

你最好的好朋友，信赖度高，对应"权重高"。

不太熟悉的邻居、路人，信赖度低，对应"权重低"。

而你是否愿意相信这个消息，

进而把这个消息告诉给其他人的心理过程就是"阈值"。

好哥们儿　权重高

路人甲　权重低

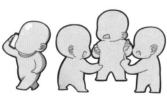

路人甲＋路人乙＋路人丙＋路人丁≥阈值　权重高

第四章

深度学习，有
"套路"的 AI 才
能千变万化

1
感知机和赫布定律

时间到了 1957 年，影响神经网络的另一个重大发明出现了！

康奈尔大学的实验心理学家罗森布拉特，

在一台 IBM704 计算机上模拟实现了一种叫作"感知机"的神经网络模型，

利用它可以进行一些简单的视觉处理任务。

恭喜你，得到通关道具
——感知机！

"感知机"的构思将"人工神经元"和"赫布定律"结合在一起。

人工神经元的概念你们都了解了，那赫布定律又是个啥呢？

赫布定律又被称为赫布假说，描述了突触可塑性的基本原理——

突触前后的神经元在同一时间被激发时，突触间的联系会加强。

弗兰克·罗森布拉特

（1928—1971）

美国心理学家，神经网络之父

罗森布拉特和感知机

上面的那段文字实在太难懂，我们来举个例子吧。

"望梅止渴"这个成语最初是一则寓言故事：

眼望梅林，流出口水而解渴。

明明没有吃到梅子，却望着梅林就流出了口水，

这里其实就用到了"赫布定律"。

神经元受到刺激，有了生理上的流口水的反应。

人类的神经元是细胞的一种，而细胞又根据功能的不同分成了很多种类，

它们各有各的特点，也各有各的喜好。

假设有这样三个细胞：一个喜欢味道偏酸的东西，叫小酸；

一个喜欢圆圆的东西，叫小圆；

一个喜欢青绿色的东西，叫小青。

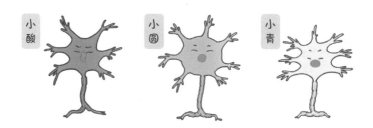

当你在吃青梅的时候，

喜欢酸味道、喜欢青绿色和喜欢圆圆的东西的细胞都会"兴奋"，

小酸、小圆和小青之间的联系就会加强。

而其他那些不感兴趣的细胞，

比如喜欢方形的细胞、喜欢红色的细胞就不会"兴奋"。

加强联系之后会发生什么事呢？

当你看到青梅时，并不知道它是甜还是酸，仅仅看到它是圆的、青绿色的，

这时候小圆和小青已经"兴奋"了。

而作为三个小伙伴中之一的"小酸"表示，都是一条绳子上的"细胞"，

好朋友都兴奋了，我也不能落后！于是，小酸也"兴奋"了。

所以还没吃到梅子的你，嘴巴里已经被酸得流口水了。

利用"赫布定律"，

把小酸、小圆、小青这种神经元的结合转变成数理模型，

就是"感知机"了。

它是可以把人工神经元排成两层并联系在一起的构造。

很好，现在神经网络变得有"深度"了，

但这和深度学习网络还差得远呢。

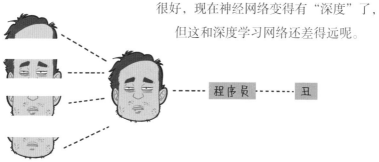

2

线性不可分
和 BP 网络神
经算法

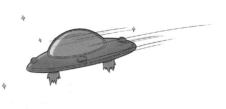

感知机的发明让人工智能研究进入了一个高潮，

一时之间人工智能相关实验室的研究经费暴涨，

但是，好景不长。

人们发现，感知机的发明并不能解决"异或"（是一个数学运算符）问题。

这也就意味着这样的人工智能是解决不了线性不可分问题的。

先来说说什么是线性不可分。简单来说，就是一条线无法分割的数据。

我们拿青梅的大小、重量和生长的时间来举例。

可以用一条线将生长 1 个月和生长 3 个月的果子的大小、重量大致隔开，

在坐标轴上可以画出一条线。

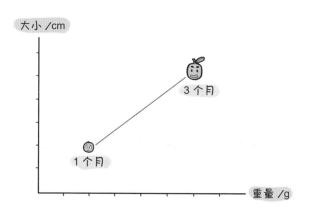

但如果把条件换成青梅的大小、重量和它长得美不美、够不够绿，那机器就蒙了，

够不够美、够不够绿是在挑翡翠吗？

这怎么能用一条线分开呢？

换句话说，机器没办法对这些数据进行分类，不分类就没法计算。

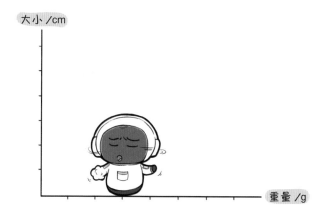

问题出现了，先不要慌，喝口水冷静一下。

这口水一喝就喝了快 30 年……

咻的一下，时间到了 1986 年。

大卫·鲁姆哈特和杰弗里·辛顿发明了 BP 网络神经算法，

是一种按照误差反向逆传播算法。

在第一次人工智能浪潮结束的时候，
科学家们在双层感知机结构中加入了隐层，形成了多层结构。
而 BP 网络神经算法可以在人工智能没有算出正确答案的时候，
把误差再传回去，自行纠正各个神经元的错误，
从而让误差减少。

这就像你在写完作业，回头进行检查，
一边思考，一边修改。
有了 BP 网络神经算法，
人工智能至此也可以一边学习，
一边思考，一边改正了。

3

深度学习的
千层套路

好了，现在我们可以来聊聊"深度学习"了。

深度学习是人工神经网络研究的概念，

是我们前面提到的机器学习领域里一个研究方向。

深度学习能让机器模仿人类的视听和思考活动，

解决了很多复杂的问题，

它被公认为是最接近于人工智能最初目标的一个研究。

深度学习中的权重、偏差等，

其实就相当于我们前面提到的机器学习中的"参数"。

在通常的定义中，

我们把隐藏层为两层以上的神经网络的学习称为深度学习。

很好，这下把"机器学习"和"神经网络"都串起来了。

（作者表示真是太不容易了……）

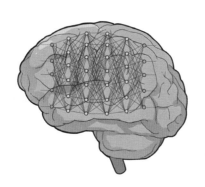

- 输入神经元
- 隐含神经元
- 输出神经元

什么是隐藏层呢？

简单来说就是指输入层和输出层以外的其他层。

比如我们想让人工智能来预测一下明天的天气，

我们知道的只是输入的历史天气数据，以及最后得出的结果，

中间的具体过程我们无法看到。

这就是"隐藏层"。

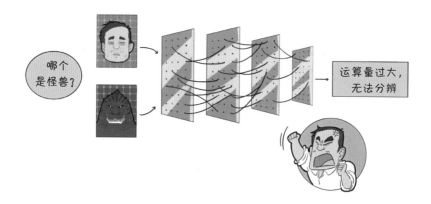

深度学习在解决某些问题上，可以非常精确，

不仅如此，在不给任何提示的情况下，深度学习也能得到高精确度的结果。

在前面说的机器学习中，人们要告诉计算机，

学习的时候要注意什么，也就是输入特征值。

但在深度学习中，只凭原始输入，计算机就可以自己学习这些特征。

人工智能可以自己"看着办"以后，虽然人类省事了，

却也存在着一个问题——我们无法得知人工智能是基于什么特征进行学习的，

也就是说，我们不知道深度学习从数据中提取规则的过程。

这样，一旦深度学习的算法发生了偏差，

人类无法对症下药，也只能"看着办"了。

例如，人工智能想算出 1 的结果，但是努力半天只算出了 0.999。

"不行不行，没发挥好。"

人工智能想了想，于是给自己增加了一个隐藏层，

然后精确度竟然就真的提高了！人类表示百思不得其解。

深度学习中的隐藏层对人类来说就像魔术师的黑箱子一样神秘，

人类目前还没有窥到其中的秘密。

相信在不久的将来，有了你们的加入，

人们一定可以理解"黑箱了"里所蕴含的逻辑。

第五章

来下棋吗人类，
我可以让你三步

1

开始下跳棋
的人工智能

全村的希望

世界公认的第一个独立学习的"人工智能",
就是一个下跳棋的计算机程序。
这个程序是由人工智能的先驱亚瑟·塞缪尔开发出来的,
它应用了我们前面讲到的"机器学习",
可以自学习,是最早的机器学习代表程序之一。

塞缪尔和西洋棋计算机程序

亚瑟·塞缪尔（1901—1990）
人工智能领域的先驱,创造并定义了"机器学习"

第一个人工智能跳棋程序，是英国计算机科学家克里斯托弗·斯特拉奇写的。

1952 年，图灵曾和"它"下过一局，

轻轻松松地赢了"幼小无助"的人工智能。

而后，亚瑟·塞缪尔在这版跳棋程序上不断调整升级，

准备为"出师未捷身先死"的人工智能报个仇。

1956 年，冥思苦想后的塞缪尔又写下了第二个跳棋程序，

这个程序可以做到自学习。

塞缪尔顿时觉得这个程序是个好苗子，

便对它不断地进行升级改造，

最终，塞缪尔的跳棋程序"二号"

战胜了人类跳棋大师。

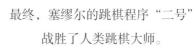

此后，有关跳棋的研究也一直在进行，可谓是江山代有才人出。

到了 20 世纪 80 年代末，

最强跳棋程序的桂冠归属了加拿大阿尔伯塔大学的"Chinook（奇努克）"。

Chinook 的作者是阿尔伯塔大学计算机系教授舍佛，

而 Chinook 的对手则是人类跳棋冠军——数学家廷斯利，

1992 年，廷斯利大战 Chinook，人类再次战胜了程序。

1994 年，廷斯利和 Chinook 相约再战，
不过廷斯利在比赛期间突发重病，不久便去世了。

舍佛团队一直没有停下研究的步伐，时间到了 2007 年，团队发表了一个结论：
"对于跳棋，只要对弈双方不犯错，最终的结局都是和棋。"
这个结论发表于 2007 年 9 月的《科学》杂志上，而彼时的 Chinook 已经可以做到不犯错。
至此，人工智能下跳棋的研究画下了终止符。
舍佛团队把自家已经长大成人、满载荣誉的 Chinook 送去养老，
并开始对德州扑克和围棋进行研究。

2
开始下象棋
的人工智能

除了跳棋，人工智能还能下很多棋，比如"象棋"。

世界上有很多的"象棋"，

有中国象棋、国际象棋、日本象棋……

虽然都叫象棋，但是从规则到长相却是哪哪都不一样。

在人工智能下棋领域，自然也分成了下不同"象棋"的 AI。

其中，下国际象棋领域的 AI 选手是"深蓝（Deep Blue）"，由 IBM 研发，

搭载的是第二次人工智能浪潮中的明星理论"专家系统"。

1996 年 2 月，深蓝挑战了当时的国际象棋冠军卡斯帕罗夫，

以 1 胜 3 负 2 平的战绩遗憾落败。

第二年的 5 月，不甘落败的深蓝再次发起挑战，

最终以 2 胜 1 负 3 平的成绩战胜了卡斯帕罗夫。

此时的深蓝搭载了 32 个处理器，

每秒能够计算 2 亿步棋，可以不断地从不同组合中找出最佳那一步。

与其说人类败给了人工智能的"思考"，

倒不如说是人类败给了人工智能可怕的"算力"。

卡斯帕罗夫与深蓝对决

加里·卡斯帕罗夫（1963 年至今）
俄罗斯国际象棋特级大师，
曾连续 23 次获得世界排名第一

日本象棋领域的 AI 选手是"Bonanza"。

2007 年，日本象棋领域最强的人工智能 Bonanza 对战职业棋手渡边明，

人类再一次战胜了人工智能。

落败后的 Bonanza 除了总结经验教训，

还冥思苦想战胜人类的方法。

终于它想到一个好主意——

"我一个不行，那就多拉几个人工智能来团战啊！"

借助群体的智慧，通过举手表决来决定在哪里落子。

2010 年，Bonanza 联合了"激指""GPS""YSS"三位小伙伴，
合体战胜了人类的专业棋手。
这也是在公开赛中人工智能首次战胜专业棋手。
时任日本象棋联盟会长米长邦雄与人工智能棋手定下了一个约定，
"两人"将于一年后进行一场对局。

一年后，
轰轰烈烈的第一届日本象棋电王战开幕了，
双方带着各自的荣耀站在了战场上。
最终米长邦雄在对局中惜败，
而人工智能则一战扬名，
受到了全世界的瞩目和认可。

3

开始下围棋
的人工智能

虽然在跳棋和象棋领域都挑战成功了，

但是若是想要攀登人工智能下棋的巅峰，

怎么能绕开围棋这个终极怪呢？

围棋可比跳棋和象棋麻烦多了。

我们来看看仅仅是计算最开始两步棋的可能性：

国际象棋有 400 种，日本象棋有 900 种，而围棋则有 129960 种。

想把围棋给算明白了，这难度可是地狱级的。

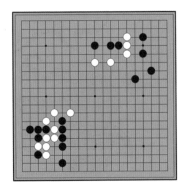

围棋起源于中国，在古时称"弈"，西方名称"Go"。棋盘上有纵横各 19 条线段，361 个交叉点，双方交替行棋，目数多者为胜。

要说起围棋领域的知名 AI 选手，

那就非"AlphaGO"（阿尔法围棋）莫属了。

它搭载的可不是以往的"专家系统"，

而是可以超越人类极限的"深度学习"。

AlphaGO 可以自主从人类以往的对局中进行学习，

而不需要人类来教它规则。

AlphaGO 拥有 1202 台 CPU 和 176 台 GPU，

是一个计算能力超群的家伙。

它可以读取围棋网站上 3000 万步棋谱数据，

再让学习了 3000 万步棋谱数据的训练神经网络与其他神经网络对战，

这样就获得了更多的棋谱数据。

经过无休止的训练对战，AlphaGO 非但没有变秃，还变强了。

2015 年 10 月，AlphaGO 与欧洲围棋冠军的 5 场对局中 5 战 5 胜；
2016 年 3 月，世纪人机大战，AlphaGO 与围棋世界冠军、职业九段棋手李世石对战，
5 场对局中 5 战 4 胜；2017 年 5 月，在中国乌镇围棋峰会上，
AlphaGO 以 3 比 0 的总比分战胜排名世界第一的世界围棋冠军柯洁。

柯洁（1997 年至今）
中国围棋九段棋手，
世界围棋大赛 14 连胜

中国乌镇，柯洁与 AlphaGO 对战

AlphaGo 还在围棋对战的网站上，
依次对战了数十位人类围棋界的顶尖高手，
并取得了难以置信的"60 胜 0 负"的傲人战绩。
随后，AlphaGo 团队宣布 AlphaGo 将不再参加围棋比赛。
这颇有一番世界已无敌手，老衲退隐山林的意味。

终于等到你！

青鸟童书
只做对得起时间的书

孩子读得懂的人工智能

③ 未来要更加油

李霁月 著 小未 绘

北京理工大学出版社
BEIJING INSTITUTE OF TECHNOLOGY PRESS

图书在版编目（CIP）数据

孩子读得懂的人工智能：全3册 / 李霁月著；小未

绘. -- 北京：北京理工大学出版社，2023.8

　　ISBN 978-7-5763-2298-9

　　Ⅰ.①孩… Ⅱ.①李… ②小… Ⅲ.①人工智能－少

儿读物 Ⅳ.①TP18-49

　　中国国家版本馆CIP数据核字（2023）第082164号

出版发行 / 北京理工大学出版社有限责任公司

社　　址 / 北京市海淀区中关村南大街 5 号

邮　　编 / 100081

电　　话 / （010）68914775（总编室）

　　　　　（010）82562903（教材售后服务热线）

　　　　　（010）68944723（其他图书服务热线）

网　　址 / http://www.bitpress.com.cn

经　　销 / 全国各地新华书店

印　　刷 / 三河市金元印装有限公司

开　　本 / 787 毫米 × 1092 毫米　　1/16

印　　张 / 15.5　　　　　　　　　　　　　　责任编辑 / 徐艳君

字　　数 / 168千字　　　　　　　　　　　　文案编辑 / 徐艳君

版　　次 / 2023 年 8 月第 1 版　2023 年 8 月第 1 次印刷　　责任校对 / 刘亚男

定　　价 / 69.00元（全3册）　　　　　　　　责任印制 / 施胜娟

图书出现印装质量问题，请拨打售后服务热线，本社负责调换

目录

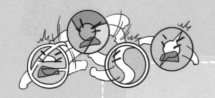

目录

第一章

自动驾驶的秘密，教练再也不用担心我撞墙了

1
超级赛车手

某一天的零点刚过。

某一天的傍晚，天气很好。

未来不久的某一天。

汽车依靠人工智能，可以实现自动驾驶。你只需要舒舒服服地坐在车里，告诉它你想去哪儿，它就自动规划路线，把你送到目的地。而我们的超级赛车手——人工智能，就是汽车的中央控制台，负责规划道路、躲避行人、红灯停绿灯行，安全地到达目的地。

2

"超级赛车手"的等级考核

想要成为合格的"超级赛车手"，也是要参加等级考试的。

自动驾驶技术起源于 20 世纪 80 年代，

汽车行业公认的汽车自动驾驶技术的分级标准有两个：

一个由美国高速公路安全管理局（NHTSA）提出，

另一个由国际汽车工程师协会（SAE International）提出。

而相对应用比较广泛的是 SAE International 制定的划分法，

共分为 6 个等级：L0~L5。

其中，最低等级的 L0 是指人工驾驶，由人类驾驶员控制并驾驶汽车。
L1 则是指辅助驾驶，车辆的方向和加减速由机器完成，
驾驶员负责其余的驾驶动作。

L2 是指部分自动驾驶，在 L1 的基础上进行了升级——
车辆在偏离车道时进行辅助纠正；通过自动加减速，始终保持和前车的安全距离。
L2 是目前市场上主打的自动驾驶汽车概念中的主流技术。

L3，是在特定条件下，车辆完成绝大部分的操作，

驾驶员只需要处理一些突发状况即可。

这个等级的自动驾驶，

已经可以在特定的环境中实现自动加减速、躲避车辆和转向，

不需要驾驶员操作。

但是当面对非常复杂的路况时，还是需要人类出手啦！

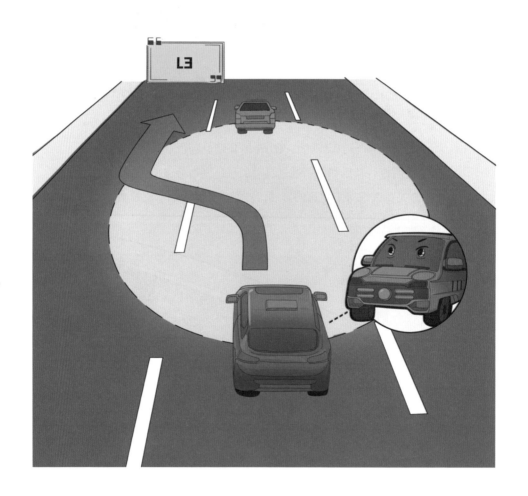

L4 是高度自动化驾驶，
车辆可以自己完成所有的驾驶操作，无须驾驶员出手，
但是需要在特定的道路和环境条件下行驶。
比如遇见极端的暴风雪天气、盘山路、沙漠环境等，
自动驾驶就不灵了。

L5 是自动驾驶的天花板级别，

车辆自身就可以完成所有的驾驶操作，

并且可以适应任何的驾驶环境。

这个阶段就不需要"愚蠢的人类"来帮忙啦。

在车里喝喝茶、玩玩手机，甚至睡个小觉，

咻的一下，自动驾驶的汽车就把你送到目的地了。

在你下车之后，它还可以自己停进停车位，

连接充电桩"吃饭"，给自己锁好门……

一辆成熟的自动驾驶汽车不需要你操心。

哇哦，今天的电是火锅味的，巴适！

3
"超级赛车手"还要更努力

如今真正意义上的自动驾驶还没有实现，可见这不是一件简单的事情。

自动驾驶其实是一个人工智能的控制系统，

大致可以分为信息感知、行为决策和操纵控制三个系统，

也就是感知（Perception）、规划（Planning）、控制（Control）。

感知部分是车辆传感器硬件的交互与通信；规划主要负责车辆行动的计算；

控制则是对汽车元器件的电子化操作。

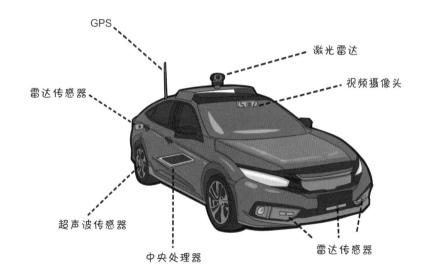

GPS

激光雷达

视频摄像头

雷达传感器

超声波传感器

中央处理器

雷达传感器

汽车感知的实现，

主要是靠车上的雷达传感器、激光雷达、视觉摄像头、超声波传感器等，

可以感知到道路的环境、信号灯、交通标识牌、

前方有没有行人和车辆、车道线在哪里等等。

同时，还需要通过 GPS 等技术对车辆进行精准的定位，

如果定位不精准，

就可能造成撞坏大门或者开到沟里的悲剧。

车头灯和尾灯检测　交通标识识别　交通信号识别　行人检测　非机动车检测

车辆检测　　　　　　　交通车道检测　　　　　　一般障碍物检测

决策是无人驾驶汽车的大脑，

不仅要"眼观六路、耳听八方"，

时刻根据路况规划路线，

还要理解交通规则——知道撞人是违法的；

看到救护车、消防车、校车等要避让；

知道哪里可以停车，哪里不可以停车；

知道哪些道路不可以鸣笛，限速多少……

决策系统

最后就是控制系统了，也就是无人驾驶汽车的"手和脚"。

让汽车的"身体"听从"大脑"的指挥，指哪儿走哪儿，动作干净完美。

比如车辆加不加速、左转还是右转、何时开转向灯……

自动驾驶的实现，是一场团战，

而非单挑任务，还需要其他系统的配合。

比如，想要精准定位车辆的位置，就需要靠发射卫星来实现。

目前，人工智能已经实现了一定程度的自动驾驶，

比如自动停车入库，跟随前车的路径自动行驶，

根据信号灯前进或等待……而 L4、L5 还在不断研究和实验中。

人工智能的实现，还需要许多技术以外的配合。

比如法律法规的健全——当人工智能违反交通规则，

或者造成伤害的时候要怎么判定？

小区大门究竟算驾驶员撞坏的，还是算人工智能撞坏的呢？

如果损失由车主来承担，那一定觉得自己很无辜；

如果由汽车生产厂商来承担，那谁还敢去创新和生产呢？

再比如，数据安全问题——实现完全自动化的自动驾驶，
就势必要把数据开放在人工智能眼前。
人们出行的时间、定位，完全暴露在了系统中，
每个人都成了完全没有隐私的"透明人"。

最后，是安全问题。人工智能从本质上来说是一个计算机程序，
如果数据安全防护做得不到位，就会给一些人可乘之机。
黑客若是入侵了系统，锁定了某个人的位置，操控附近的汽车撞向它……
一起完美的暗杀，比"柯南"中的各种密室暗杀事件还完美。
这样来看，路上行驶的每一辆车都会变成一个"致命武器"。

人工智能在自动驾驶方面的应用，
已经是一个比较热门并且实际产生了效益的研究方向了。
但是直到今天，依然有很多技术难点、现实难点需要被一一克服。
前路漫漫，科学家们上下求索，
人工智能也终将长大成熟。

第二章

智能搜索引擎，
我怀疑你在我家
安了监控

1

智能搜索，
世界那么大
又那么小

现在，我们可以去找人工智能过两手了！

首先，从窝边草吃起。

比如，离我们生活最近的人工智能——智能搜索引擎。

查找资料

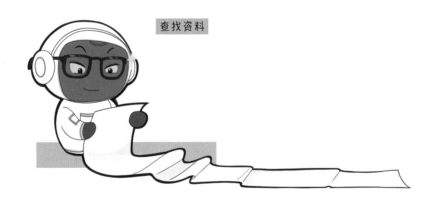

去哪里找它们呢?

来,打开你的电脑或者手机,找到任意浏览器,

百度、搜狗、谷歌、IE、360……它们就是智能搜索引擎了!

最初的搜索引擎并不是我们现在看到的样子。

那时候,为了快速精准地找到有用的信息,

人们创造了许多"性格各异"的传统搜索引擎,

有的是综合搜索引擎,有的是商业搜索,有的是软件搜索,有的是知识搜索……

渐渐地，人们发现，信息太复杂，

太过专一的搜索引擎根本应付不了这复杂的世界。

仅仅依靠某一类型的搜索引擎已经不能完全提供人们需要的信息了，

需要一个软件或平台把各种搜索引擎无缝地融合在一起，

智能搜索引擎便随之诞生了。

智能搜索引擎结合了人工智能技术，可以根据用户的请求，

从网络资源中检索出对用户最有价值的信息。

无论想查什么内容，智能搜索引擎都能优先推给你最恰当的答案。

变强大后的智能搜索引擎会玩的花样也越来越多。

为了留住你的"心","它"想出了各种招式——

除了比较传统的快速检索、相关度排序等功能，

还开发了用户兴趣自动识别、内容的语义理解、智能信息化过滤等功能。

这些都让你越来越离不开成熟的"它"。

2
猜你喜欢，
买买买吧，
人类

智能搜索引擎的一个代表性功能就是"猜你喜欢"。

比如，我们打开抖音、快手等短视频平台，

人工智能就会"蹲"在后台默默地观察你如何"浪费生命"。

然后通过一番复杂的计算，给你勾勒出一个"数字画像"，

从而猜出你喜欢看什么，便不停地给你推送什么。

又比如登录淘宝、京东、当当等购物平台，
每个人看到的物品推荐都不一样，甚至称得上是千差万别。
这是人工智能通过计算后为你定制的独属于你的商品橱窗，
目的嘛，自然是让你花更多的钱，买更多的东西。

所以说，短视频平台的智能搜索引擎的终极目标，
就是让你在它们 App 上停留更多时间，不被其他小妖精抢走。
而线上购物平台的智能搜索引擎的终极目标，
就是让你花更多的钱，一年 365 天，天天都过"双十一"！

除了"猜你喜欢"，
智能搜索引擎还要配合人类完成一项重要的任务——
内容审核，及时发现并处理违规行为。
让那些路走偏了的无良商家销声匿迹，
从此离开大众视线。

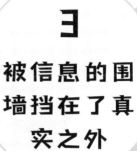

3
被信息的围墙挡在了真实之外

你是不是发现一刷手机就停不下来？

当人工智能发现"哎，这个人类喜欢这一类事物"的时候，

为了留住你，会疯狂推送同类事物。

这样你每时每刻都沉浸在自己喜欢看的内容里面，日复一日，年复一年；

而你也被人工智能分析得越来越精准，范围越来越窄。

慢慢地，我们就像是一个被封锁在玻璃房子中的人一样，

除了自己喜欢的内容，其他的很难看到。

因为你不喜欢，"为了你好"的人工智能就把它们推得远远的。

你每天都在看同类型的内容，获得的信息越来越少，

也就汲取不到新的"营养"了。

突然有一天，你幡然觉醒了，

腻了、累了、厌了、倦了……

想要看点新东西？

亲，这边建议您换个账号

重新做人……啊不，

重新被猜。

任何技术的发展都有两面性。

智能搜索引擎能够精准"猜"出我们的需求，

节省了很多搜索时间，

但同时，

这些"精准推荐"和"猜你喜欢"又会将我们困在一个信息围墙内。

技术本无罪，问题在于使用技术的人。

在这里还是要和同学们啰唆一句：

休闲要适度，花钱要理智。

一时任性刷刷刷，一看时间泪汪汪。

一时快乐买买买，吃土三年忘不了。

总之，希望我们都能够因技术的创新

而生活得更加幸福、充实。

第三章

智能家居：你的
家被我承包了

1

懒人
改变世界

小时候，常常赖床的你是不是也幻想过——

一个机器人把你从床上搬起来，你还沉浸在睡梦中时，

就帮你穿好衣服、刷好牙、洗好脸……

然后把你送上时空穿梭机，咻的一下，传送到教室座位上。

现在，虽然自动洗澡机器人还没有十分成熟的产品，

也没有出现量子力学的时空穿梭机……

但是，很多小时候的幻想都已经成为现实。

今天，智能家居产品已经走进了我们的生活，
成了人类的好帮手。
"小度小度，查一下今天天气怎么样。"
"小爱同学，开灯，拉开窗帘。"
"天猫精灵，来点音乐。"

有一句话叫作"懒人改变世界"，

这些智能家居的发明创造，

本质上都是为了让生活更便捷。

当生活的琐事交给机器来处理，

我们就可以有更多的时间专注在有意义和感兴趣的事情上了呢。

2

叮咚，你的智能小管家已经上线

那么，究竟什么是智能家居呢？

简单来说，就是利用网络、音视频技术，

把和生活有关的电器设施进行综合控制与管理，

让家庭更舒适、更方便、更安全、更环保。

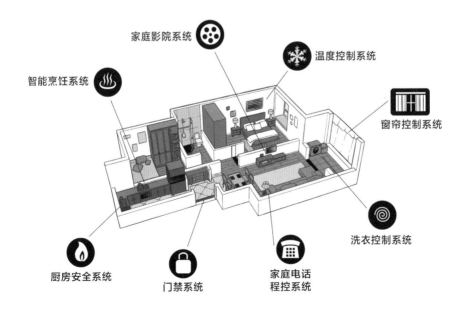

家庭影院系统

温度控制系统

智能烹饪系统

窗帘控制系统

洗衣控制系统

厨房安全系统

门禁系统

家庭电话程控系统

在这里，大部分人都有一个误区，认为智能家居就等于智能电器。

其实电器只是实现智能家居的一部分，

智能家居重要的核心是家庭 AI 系统，

它搭建了人工智能算法，可以猜你所想，做到一呼百应。

家庭 AI 系统任务之——设备控制。

家庭 AI 系统能够分析你的使用数据，按照你独特的使用习惯，

自动控制家里的电器设备和环境状态（比如温度、湿度），同时又兼顾了节能环保。

举个例子：

小白作为南方人却喜欢低一点的温度，

家庭 AI 系统就会根据她的习惯，

为她设置 24℃的室内温度；

小黑作为北方人却喜欢暖一点的温度，

家庭 AI 系统就会为他设置 26℃的室内温度。

人工智能因此学会了一个成语——

众口难调。

这些小事情就交给我吧！

家庭 AI 系统任务之——监测任务。

家庭 AI 系统通过分析整个家庭的数据，

推测出家庭中可能出现的事件，

并根据发生的异常，联系不同的家庭外部的服务。

举个例子：

家庭 AI 系统监测到家中的二哈追着猫咪跳到了房顶上，

猫咪已经玩耍一圈，美哉美哉地去睡觉了，

二哈却怂得不敢下来，在房顶呜呜叫。

AI 会把警报发送给主人，让主人来解救自家的二哈。

这一功能同样适用于儿女不在身边的独居老人，

或者白天父母上班、不得不自己看家的小朋友。

家庭 AI 系统还有警报和预警的功能。

比如 AI 通过摄像头监测到你长时间在厕所没出来，十分异常，

猜测你可能是边泡澡边看动画片，缺氧晕倒在浴缸里。

于是 AI 自动呼叫 120 急救，

并把你晕倒的消息发送给你父母，

或者你设定的紧急联系朋友，

呼朋唤友地叫大家一起来见证你的"尴尬社死"现场。

3

我要做
最懂主人的
小可爱

下面，我再给你们介绍一下家庭 AI 系统的分类，

主要分为"人工控制"和"监督控制"。

呼唤智能音响，呼唤开灯关灯，呼唤扫地机扫地……这些都是人工控制；

而监督控制，是 AI 发现你每天都会准时收看某一时间段的动画片时，

便会在那个时间帮你打开电视。

一个是听话被动的"执行者"，

一个是积极主动的"小可爱"。

未来，由家庭 AI 系统管理的智能家居，可能比你想象得更加魔幻。

它会分析你的情感，满足你的陪伴需求：

它会感知你的心情，伤心时给你安慰，孤独时陪你聊天，

高兴时营造灯光、音乐氛围，陪你一起嗨起来。

它还可以帮你做一些你做不好的事。

比如每日为你搭配衣服鞋帽、化妆、吹头发，

化身专业造型师，让你每天都美美地出门。

又比如每日为你搭配营养丰富的食物，

烤面包、榨果汁、煮鸡蛋，

化身专业营养师，让你每天都好好地吃饭。

不过，即便如此，AI 依然有它完成不了的工作——

烘焙食物带来的愉悦满足感，

整理房间带来的减压感，

搭配衣服带来的快乐感……

这些 AI 都给不了。

智能家居是为了让人类更幸福地生活而创造的，

人类最终需要探寻到一个和谐的平衡点。

第四章

AI 医生：随传随到的好助手

1

图像识别在医疗领域的应用

你觉得医生这职业，人工智能干得了吗？

其实啊，有了专家系统这一"天赋技能"，

和深度学习这一"进化技能"，

人工智能也是一个可以培养成"医生"的"好材料"呢。

虽然当医生这事，人工智能一时半会还无法胜任，

但在某些领域，人工智能也可以独当一面了。

例如在医疗影像识别、临床诊断、辅助手术等方面，

人工智能都已经成了医生的好帮手，帮助医生更好更快地工作。

看我火眼金睛！

人类的大脑其实很不擅长去发觉细微的改变，

想从千千万万的图像素材中，

通过某一个阴影或者小颗粒来判断究竟是不是恶性肿瘤，

实在不是一件容易的事情。

人工智能"Enlitic"在癌症筛查检测上，

是一个遥遥领先的小能手，

它的检测准确率和速度已经超越了

有丰富工作经验的人类放射师。

同样在癌症领域发力的还有人工智能"InnerEye"，

它是医学影像自动定量分析方面的小能手。

这是做什么的呢？

简单来说，就是在给病人放疗之前，

医生要手动检查并标记几十个 CT 扫描图像，

这需要几小时；

而人工智能，可以把这个时间压缩到短短几分钟。

你先喝杯咖啡，很快就帮你搞定！

2
AI 医生，诊断小达人

我们知道人工智能可以"望"和"闻"了，

那么"问"呢？

通常，医生会先根据病人的描述，

来判断我们的身体大概哪里出了问题，

然后再有针对性地进行一系列检查。

哪里不舒服？

网上说我快不行了，医生救救我！救救我！

人工智能可不可以"问"呢？

这就涉及语音识别——听懂人类说什么，

以及一个存储了各种准确无误的信息的知识库——

根据知识库里的信息来推断病人是哪里病了。

在语音识别的研究上，我国的技术已经很成熟了。

像手机导航、客服电话的智能语音客服，都能精准地识别出你说了什么，

甚至还能识别多个语种和方言呢。

至于知识库嘛，当然是通过专家系统来实现啦。

下载安装了专家系统的 AI，

摇身一变，就成了诊断小达人。

似乎"问"这一步，人工智能也可以胜任了呢。

3
AI 医生，手术小助手

人工智能还有一个大优点，
那就是"不会手抖""不用休息""不会被情绪影响"，
是一个心理素质极佳、行动力超强的"工具人"。

作为一个随传随到的 24 小时在线的好助手，
人工智能可以通过算法来模拟人体环境、给出最佳的手术方式、
计算出创伤最少的切割面。
不仅如此，它还能借助机械臂直接拿起"手术刀"，
帮助医生执行手术。

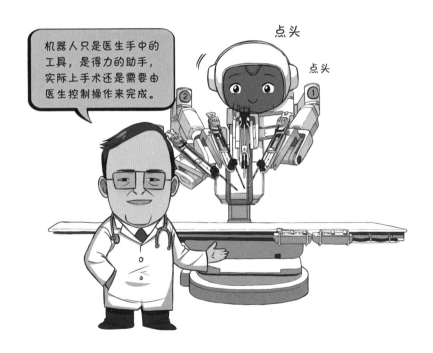

当然，人工智能医生目前还存在很多问题，

除了技术上不够成熟，

还有数据隐私安全保护、法律法规等相关的问题待解决。

例如，人工智能在诊断环节，

无法理解人类一些模糊语义的描述，

也无法通过病人的表情来理解病人的心理，

因而不能像真正的医生那样，对病人进行鼓励和心理疏导。

再比如，人工智能医生手术失误造成人员伤亡，
是医院的责任还是程序开发人员的责任呢？
如果程序被恶意攻击，该如何防止人工智能医生胡乱诊断、胡乱手术，
甚至大规模泄露病人的数据和资料呢？
总之，从现在的情况来看，
人工智能在当医生这条路上可谓是道阻且长，
但行则将至，未来一定可期。

第五章

AI 创作：一笔一画，万千世界

1
AI 小说家

都说人工智能不太适合搞艺术，

但真写起小说来那也是自成一派，

续写小说甚至拥有可以让读者看了吐血三升、

原作者看了从坟墓里气"活"的优秀能力。

网上有一段广为流传的人工智能续写小说《斗破苍穹》的片段，

在短短几章内让男主角变成了杀身正道的反派角色，

让无数读者看了堵心至极。

人工智能目前还不能自主完成小说的创作，
更多的是模仿小说的风格进行续写，
或者在人们设定好框架的前提下进行"创作"。
人工智能"创作"的类型也五花八门，
有小说、有新闻、有诗歌、有科幻，也有武侠等。
如果说人工智能作者也有江湖，
那想必也是个门派林立、精彩纷呈的江湖。

有研究曾让人工智能学习金庸和古龙的小说，然后模仿创造，

最终发现模仿古龙先生的人工智能，比模仿金庸先生的人工智能写得更通顺一些，

而且相对比来看文字也更简练，段落更简短。

这与两位先生的写作风格有关。

人工智能的模仿竟然能够抓住其中细微的差别，确实很神奇呀。

曾经还举办过人工智能和人类的科幻小说比赛呢，

最终人工智能的作品有一部通过了初审。

当然，小说的结构、人物的性格都是由人类提前设定好的，

人工智能负责通过程序中设定的条件来生成语句相对通顺的文字。

2
AI 动画师

人工智能不仅能写小说，在对画面和影像的处理上也有独特的能力。

例如，谷歌开发的"Deep Dream"就是一个十分有趣且魔性的艺术家，

在训练好的神经网络中，人们只需要修改几个参数就可以生成

很多人类无法理解的、奇幻的"美"。

或许因为这些"美丽"的画面看起来类似幻觉和梦境，

所以这个算法才命名为"Deep Dream"吧！

经过 Deep Dream 处理后生成的
《蒙娜丽莎》

动画也是人工智能大显身手的领域，

比如"中割"的创作。

"中割"就是体现从一个状态到另一个状态的过程的画作，

最初的状态和下一个状态称为"原画"，

而"中割"是填补原画间的中间画。

中割越多，画面动起来就更流畅，效果更好。

反之，如果中割太少，就会显得生硬，

还被大家戏谑地称为"幻灯片动画"。

目前，技术人员已经研发出了可以创作中割的人工智能，
虽然自动生成的画面经常会出现变形等问题，还不能达到实际应用的标准。
但是，如果能够提前设计好中割的重点部分画面，
再由人工智能接着创作的话，精确度就会提高很多。
未来，当人工智能发展到可以自主完整地创作中割时，
想必动画师们熬秃的头发应该会增加几根吧。

3
AI 作曲家

人工智能的艺术细胞可不仅仅"祸害"了这么几个领域，

作曲领域也有它的身影。

要不创作出几首魔性的天籁，

都怕配不上自家的前辈艺术家 Deep Dream 不是？

人类的悲欢不尽相同，而人工智能的快乐就更加不同了。

人工智能作曲软件界人才频出，不过各领风骚没几年。

2016 年，索尼计算机科学所在 YouTube 上发布了人工智能作曲家"Flow Machines"
创作的一首人工智能流行歌曲。

2017 年，英伟达公司推出了辅助作曲程序、人工智能作曲家"AIVA"，
出道之后迅速应用于网络视频的自动配乐。

除此之外，还有 Google Magenta 的"MusicVAE"可以创作单音旋律，
OpenAI 的"Jukebox"可以根据语言模型生成一些歌词。
在网上，现在可以找到很多开源（开放源代码）的
小说续写、绘画、作曲类的人工智能程序，
感兴趣的同学赶紧去探索和尝试吧！

艺术其实是人工智能不擅长的领域之一，

毕竟人工智能很难"感性"，而艺术创作正需要"情感"。

目前人工智能在艺术领域的成果大多是以辅助、节省人类工作时间为主的。

让人工智能进行真正的艺术创作却是科学家们希望可以攻破的一道壁垒，

毕竟，"墙"的那一面或许就藏着人工智能进化的终极奥秘。

第六章

未来的人工智能，
触及人类抵达
不了的边界线

1
人工智能正在改变我们的生活

这人工智能到底能干什么，现在我们大概是清楚了。

人工智能能做这么多事，我们岂不是可以躺平享受生活了？美哉美哉！

这……就浅薄了。

人工智能的发展可不等于人类要就此止步，

而是要更努力了才是。

人工智能对生活的改变是方方面面的，不只是我们表面上看到的这些。
比如生产关系的改变、社会结构的调整等。

在遥远的旧石器时代，人类通过制造简单的工具，获得更多生产力。
那时候的人类徒手摘果子、吃果子、捕猎、吃食物，
光找吃喝，一天就过去了。

慢慢地，人们发现这样不行啊，枯燥无聊还吃不饱，
于是一些工具被发明出来。
人类解决了吃饭问题，还能盖房子、种庄稼、养牲畜，
小日子过得红红火火。

人类一旦闲下来，也就有工夫"搞事情"了。
于是，蒸汽机出现了，电器时代也在不久后到来了，
就这样人类一步步把日子过成了现在的样子。
如今人们可以操控机器来干活，有更多时间去思考天马行空的事情了，
比如在月球上种点菜之类的。

再后来呢，人们觉得操控机器太没劲了，不如设定一些代码，
把这些重复性的工作交给机器自己干吧。
于是无人生产线、工业机器人、智能物流等一系列非常震撼的、
经常出现在新闻里的新技术出现了。

但这还有一个问题，人类是善变的，哦不，人类是有创造性的。
需求一变，就要重新设计程序，
而且，越精密的仪器，出问题的地方可能就越多，
这时候就需要程序员和工程师出马了。

这，就有些费头发了……哦不，废程序员。

一批一批头发茂密的萌新程序员新鲜上市，在经过无数个通宵加班后，

他们不断变强变秃，终于熬成了大佬程序员！

即便如此，程序员依然是市场紧缺的职业之一。

这时候，人们又想到一个好主意：不如让机器自己学习，自己改程序！

于是机器学会了如何应对三种情况：

简单问题自己处理；复杂问题看着处理；处理不了的问题再等等看……

至此，千千万万个程序员被解放出来。

空闲下来的程序员们可以尝试一些有挑战的开发了。

比如，让人工智能学会玩三国杀，这种看上去没什么用却有价值的事。

或者，让人工智能去续写 108 个版本的《红楼梦》，

再分析一下哪个版本的《红楼梦》更接近原作者的想法。

再或者，让人工智能可以通过大数据分析，

得出需求，并解决需求，说不定以后修理机器人的也是机器人呢。

人工智能带来了社会生产关系的改变，

许多工作被机器替代，

许多职业也在渐渐消失，

社会结构在悄然发生变革。

2

未来哪些职业将会被人工智能替代

人工智能未来一片大好，却也让人心惶惶，泪茫茫，一首《凉凉》绕耳旁。

因为很多可以"摸鱼"的工作都将被人工智能替代了。

例如，未来可能不会再有售票员、高速公路收费员这种职业了。

现在很多机场、火车站都采用了无人售票、自助检票进站的技术，

去售票大厅买票的人越来越少；

公交车、高速公路的收费大多也是自动收费，

不再需要人工操作。

还有商店、超市的收银员、理货员也会渐渐消失。

智能商店可以在你进门的时候，就通过人脸识别认出你，

然后自动关联上你的银行卡。

在你拿商品的时候，视觉识别等技术可以辨别出你拿的东西价格是多少。

当你走出商店的时候，不需要扫描商品和缴费，系统会自动完成扣费。

同时，智能物流机器人也可以随时发现哪里缺货了，自动"跑"过来补货。

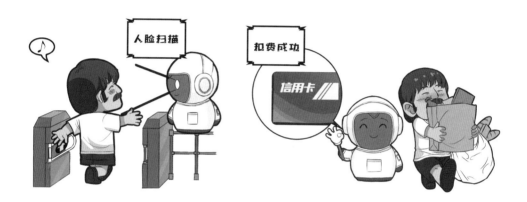

快递员、外卖员、出租车司机这"三大门派"也很可能会消失，

替代三大门派工作的智能物流、无人搬运机器人、无人驾驶等技术已经有了雏形。

无人驾驶电车可以代替外卖小哥，直接把外卖送到你手上；

还可以搭配物流车，给你送快递；

搭配小客车，就可以自己接送乘客挣钱了。

还有那些重复性的工作、
靠熟练度的计件类生产制作的工作、纯体力类的工作，
未来都可能被人工智能替代。
当然，不仅如此，一些专业性强的、
靠知识和经验累积的工作也可能会被替代，
例如厨师、医生。

未来，家庭 AI 医生和家庭 AI 厨师会作为智能管家的一部分，
入住寻常家庭中，
为你烹煮你最喜欢的饭菜，
为你提供一些简单的医疗服务——打针、打疫苗、做检测等。
说不定家庭 AI 医生在发现你生病后送你到医院，
你会发现，连手术都是由机器人医生完成的。

那些需要通过复杂计算得出结论的工作就更是人工智能的老本行了。

预测天气、分析数据、做财务报表这类工作，

人工智能做起来可能比人类做得更好。

人工智能虽然不擅长创造以及艺术领域，

但是勉勉强强也能干一些。

未来，设计师和作者的工作也会被人工智能抢走一部分。

现在已经有可以自动为甲方设计商品图、背景图、小图标这类的程序了，

也有了可以自己写文章、写新闻的人工智能。

当然，它们做不了艺术级别和大师级别的设计创作，

毕竟那是咱们人类的拿手绝活！

第七章

人类将何去何从

1
畅想机器
不曾拥有的
创造力

2050 年，某居民楼阳台——

"妈妈，看，是飞碟！"

"飞什么碟飞碟，不好好反省你为什么错这么多题，还想转移我的注意力？！
这都是你老妈我当年玩剩下的。"

"是真的！圆形的，在天上飞来飞去！"

"哦，原来是飞梭上市了，那只是新的交通工具罢了。"

某客厅。

"爸爸，饿。"

"爸爸这局游戏还没结束，你先去找 AI 厨师叔叔吧。"

"可是 AI 厨师叔叔不是昨天研究新菜把自己搞短路了吗？现在好像还在维修中呢。"

"那我们点外卖吧！"

"唉，现在的成年人真是不懂养生。"

某卧室。

"妈，我该去上学了！"

"车在那里，让它送你去学校吧，妈妈想再躺一会儿。"

"车车早上'说'今天限号，而且昨天的电不合它口味，它都没吃饱。"

"知道了知道了，一会儿就给它充水煮鱼口味的。

我给你叫辆无人驾驶出租，你快穿好鞋子去外面等着吧。"

"唉。妈，那你今天上班可别再迟到了啊。"

某智能超市。

"哇,你拿这么多,你妈给你加零花钱了?!"

"什么呀!是我创作的一幅数字艺术画(NFT)被人买走了!

他说看到了我的画后,重拾了自己画画的梦想,

竟然还有比他画得还差的作品,一定要珍藏。"

"……慧眼识英雄!"

"不愁吃、不愁穿、生活便捷,幸福似神仙!"

2050 年,对于生于那个年代的人来说,

或许是最好的年代,也或许是最坏的年代。

但,那一定是一个终身学习的时代。

努力实现精神世界的共同富裕

2

我们，将如何与人工智能一起成长

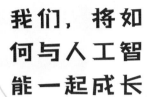

人工智能的"破壳"仿佛还是昨天的事情，转眼之间，就已经成长为可以独当一面的"大人"了。

人工智能这么努力，人类就更要努力了，毕竟人类是个"奇迹"，更是善于创造奇迹的存在。

那么问题来了，我们人类该如何与人工智能一起成长呢？

我梦见你突然长大，不需要我了。嘤嘤嘤……

首先，找到自己擅长的事情。

人类通过学习可以做到很多事，但是找到自己真正擅长的却很难，很多人可能一生都不知道自己究竟擅长什么，所以当机会出现的时候，便要多尝试。

在一般性的、可替代性的工作被人工智能"接手"后，我们要用"魔法"打败"魔法"，而"天赋"就是一种属于人类的魔法。

然后，坚持自己的热爱。

热爱可以让我们无所畏惧、一往直前，

如果你很幸运地找到了自己热爱的事物，

请一定要紧紧抓住并且坚定地热爱下去，

那是可以让我们眼中冒出小星星的神奇力量。

热爱让我们坚守初心、心向光明，

是人类可以打败"魔法"的第二种"魔法"。

最后，终身学习，专业而坚定。

你不会真的以为学习这事毕业了就算完了吧？

哈哈哈哈哈，不可能的，少年们，

你们学习的日子还长着呢。

更何况，你们的学习旅途上还有人工智能与你们一路同行呢。

现在，我们再来共同思考一个问题：

人工智能对于人类究竟意味着什么？

这决定了我们未来社会的结构，未来世界的走向，

也决定了人类究竟会如何与机器共同生活在这个"蔚蓝色的星球"上。

当然，只要梦想够大，

或许，我们还会共同生活在"无边的星际宇宙"

和更加瑰丽的"多维世界"中。

之于我，

人工智能是一个与人类互补、互进、互为"生命"的"生命"。

我愿意相信，未来的人工智能会是与人类天赋互补、

携手并进、同属于地球的"命运共同体"。

关于同一个问题，每个人都有自己的答案，

那么现在，这个问题就郑重地交接给了正在独立思考的你们。

所以，人工智能之于人类意味着什么呢？

致谢

想到能够为祖国含苞待放的花骨朵们添上一滴小小小小的露水，彷徨起笔中深感责任深重，几番修改，仍觉得书中还有很多不足之处，也恳请各位读者朋友、专家、老师们批评指正。

在本书的编写过程中特别感谢韩宝安博士的专业指导，同时也感谢青鸟童书和北京理工大学出版社编辑们的帮助和指导，感谢你们专业的坚守。

最后的最后，愿各位小读者都能成为热爱、坚定、眼里有光的人。

未来，我们一起加油！

李霁月

写于 2022 年冬季